逆境
心理学

Adversity
Psychology

王志敏 / 著

前言

  1997年，美国职业培训大师保罗·斯托茨在《逆商：变逆境为机会》一书中首次提出了逆商的概念。简而言之，逆商就是一个人化解并超越逆境的能力。没有人能给生活贴上永久顺利的标签，但是不同的人面对逆境的态度却各不相同。正如巴尔扎克所说："逆境和不幸，是天才的进身之阶，信徒的洗礼之水，能人的无价之宝，弱者的无底深渊。"

  任何人的成功都需要付出代价，有的人一遇到逆境就容易产生"天塌了"的感觉，而有的人却会因为遇到挑战而兴奋。在面对逆境时，这两种人的心理机制也截然相反：前一种人是应付机制，他会用种种消极的心理防御机制逃避逆境；而后一种人是应战机制，逆境会激发他调动自己的种种资源和能量，最终化解并超越逆境。可见，一个遭受逆境却依旧能斗志昂扬的人，要比一个遭受逆境就立即崩溃的人获益更多。如果一个人超越逆境的能力很低，那么他的事业就会被扼制。相反，如果能够超越逆境，那么他就会拥有更多的机会，事业也会如鱼得水，平步青云。

　　随着社会竞争的日益激烈，人们面临着各种压力，这些压力对我们的学习和生活已经造成了深刻的影响。如何坦然应对逆境，能否健康、积极地面对生活压力，已经成为每一个人亟待解决的重要问题。身处逆境为什么有人总能扭转局面，赢得美好结局，而有人却只会哀叹和抱怨，始终走不出黑暗的泥沼？其实生命中的每一次逆境，都蕴藏着与之等价的利益和机会。人人都有超越逆境的潜能，成功与否的关键只在于面对逆境的不同态度和心理。

　　本书通过大量生动的事例，结合简明而实用的理论，从逆境产生的原因、逆境对人的影响入手，总结出了应对逆境的心理法则，阐释了人们在面对逆境和人生危机时如何调整心理，介绍了超越逆境、扭转人生的方法，帮助读者获得人生的智慧和战胜困难的动力。

　　此刻的你，也许正遭受人生最沉重的灾难：升学的失败、恋爱的不幸、病残的袭击等；也许正经历着情感上的打击：自尊心受损、自信心丧失、失望苦闷……但是，逆境并非绝境，绝不可因一点小障碍而放弃努力。每一次逆境都是一份成长的礼物，只要学会一些心理调节的方法，我们每个人都不难超越逆境，向成功迈进。

目录 CONTENTS

第一章 逆境心理认知：
毁掉你的不是事情，而是你的心情

第一节 你要像喜欢甜一样喜欢苦 // 2
  唯有痛苦才能带来真正的教益 / 2
  苦难是对生命的体验 / 5
  痛苦是有助于我们心灵成长的养分 / 7
  在逆境中找到目标 / 9
  上次的错误积淀最后的成功 / 11

第二节 你对了，世界就对了 // 15
  不要让负面的声音为事情下定论 / 15
  正是"糟透了"的定义方式影响了我们 / 19
  消除"不可能主义" / 22
  降低"我受不了了主义"的影响 / 25
  世界接受的是我们对自己的评价 / 28

第三节　超越自卑，做最好的自己 // 30
　　没有人生来就是失败者 / 30
　　任何时候，都不要急于否定自己 / 32
　　自卑在于认为自己不配得到幸福 / 35
　　把自卑还给上帝 / 36
　　任何时候都不要忘了自我赞美 / 39
　　别人的否定不会降低你的价值 / 41

第二章　逆境心理应对：
　　那些打不败你的，终将让你更强大

第一节　你比自己想象的更强大 // 44
　　有一种成功叫锲而不舍 / 44
　　屡战屡败的死敌是屡败屡战 / 46
　　冬天里会有绿意，绝境中也会有生机 / 49
　　成功的秘诀在于不放弃 / 52

第二节　在难搞的日子笑出声来 // 55
　　乐观的心态给恶性循环刹车 / 55
　　快乐是成功的关键 / 58
　　情绪低落时不妨假装一下快乐 / 61
　　没有绝望，堵死路的是我们自己 / 63

第三节　你有足够的能量去应付困难 // 67
　　挑战自己，发挥你的超能量 / 67

激发潜意识的力量 / 70
自我暗示的巨大力量 / 73
积极心理暗示的魔力 / 76

 **第三章　逆境心理转换：**
当世界无法改变时，就改变自己

第一节　**心态的惊人力量 // 80**
在不如意中保持阳光心态 / 80
用移情的办法把伤害降低到最小 / 82
以适度开放的心态考虑问题 / 83
坏事有时候并不是全盘皆坏 / 85
无论何时，都要用积极的力量引导自己 / 87

第二节　**改变思维，改变世界 // 91**
改变了思维，就改变了与世界互动的方式 / 91
学会正面思考，就会有幸福的人生 / 94
学会逆向思考，掌握以反求正的生存智慧 / 96
用积极的心态创造光明思维 / 99

第三节　**换个角度看问题，换种方式作努力 // 103**
不做无谓的坚持，要学会转弯 / 103
有一种智慧叫"弯曲" / 105
改变世界，从改变自己开始 / 108
人生处处有死角，要懂得转弯 / 111

换个角度，世界就会不一样 / 113

第四章 逆境心理激励：
你要去相信，没有到达不了的明天

第一节 **冬天来了，春天还会远吗** // 116
做个善于等待的人 / 116
不经痛苦的忍耐，怎能有珍珠的璀璨 / 118
在最深的绝望里，遇见最美丽的风景 / 120

第二节 **伟大和辉煌都是熬出来的** // 122
每次挫折都孕育着成功的种子 / 122
每个问题中都隐藏着一个机会 / 124
逆境到了极点就会向顺境转化 / 126
创伤带来彻底改变人生的机遇 / 128

第五章 逆境心理控制：
一生气你就输了，不抱怨你就赢了

第一节 **生气不如争气** // 134
用愤怒困扰心灵，是一种严重的自戕 / 134
发怒只能让事情变得越来越糟 / 136
工作中的折磨使我们不断超越自我 / 139
愤怒暴露的正是你的软弱 / 143

发怒不是处理困难的唯一选择 / 146

第二节　不抱怨，把握人生的分寸感 // 149
抱怨只是推卸责任 / 149
认真地过好那些难过的日子 / 152
走进不抱怨的世界，成为"阳光使者" / 154
接受已发生的事，是克服不幸的第一步 / 156
停止抱怨，拿出解决方案 / 159

第六章　逆境心理调节：
别让情绪毁了你，别让压力压垮你

第一节　不怕，才有机会成赢家 // 162
直面内心的恐惧 / 162
找到恐惧的原型 / 166
不要因害怕犯错而恐惧 / 168
相信"这种事情不会发生" / 170

第二节　淡定的人生不焦虑 // 173
焦虑会给人带来难以忍受的不适感 / 173
遵循你的心，去做自己想做的事儿 / 176
"钝感力"：面对挫折不过度敏感 / 179

第三节　化压力为奋进的动力 // 183
不会与压力相处，就会陷入危机边缘 / 183
在压力面前奋起 / 185

不妨沉下心来做"蘑菇" / 187

有所背负，反而能够走得更远 / 190

第七章 逆境心理突破：
发现自己的优势，实现人生逆袭

第一节 **现在，发现你的优势** // 194
把精力放在自己的优势上 / 194
正确看待自己 / 196
不要给自己贴上"失败者"的标签 / 199
总有一张可以拿得出手的牌 / 201

第二节 **对自己狠一点，离成功近一点** // 205
你最大的敌人就是自己 / 205
狠下心，绝不为自己找借口 / 206
战胜自己的人，才配得上天的奖赏 / 209
把自己"逼"上巅峰 / 212

第三节 **自助者天助，做自己的救世主** // 215
充满自信，挖掘出自我的宝藏 / 215
你只需努力，剩下的交给时光 / 220
当你竭尽全力，就一定能走出逆境 / 222
PMA黄金定律：能飞多高，由自己决定 / 224

第一章
DIYIZHANG

逆境心理认知：
毁掉你的不是事情，而是你的心情

你要像喜欢甜一样喜欢苦

唯有痛苦才能带来真正的教益

生命是一次次的蜕变过程。唯有经历各种各样的苦难,才能拓展生命的宽度。通过一次又一次与各种苦难握手,历经反反复复的较量,人生的阅历就在这个过程中日积月累、不断丰富。

蝴蝶的幼虫是在一个洞口极其狭小的茧中度过的。当它的生命要发生质的飞跃时,这个狭小的通道对它来讲无疑成了"鬼门关",那娇嫩的身躯必须竭尽全力才可以破茧而出。

有人怀着悲悯之心,企图将那幼虫的生命通道修得宽阔一些。他们用剪刀把茧的洞口剪大,这样一来,所有受到帮助而见到天日的蝴蝶都不是真正的精灵——它们无论如何也飞不起来,只能拖着丧失了飞翔功能的双翅在地上笨拙地爬行!原来,那"鬼门关"般的狭小茧洞恰恰是帮助蝴蝶幼虫两翼成长的关键所在。穿越的时候,通过用力挤压,血液才能被顺利输送到蝶翼的组织中去；唯有两翼充血，蝴蝶才能振翅飞翔。人为地将茧洞剪大，蝴蝶的双翅就没有了充血的机会，爬出来的蝴蝶便永远与飞翔绝缘。

人成长的过程恰似蝴蝶的破茧过程，在痛苦的挣扎中，意志得到磨炼，力量得到加强，心智得到提高，生命在痛苦中得到升华。当你从痛苦中走出来时，就会发现，你已经拥有了飞翔的力量。如果你不曾经受挫折，也许你就会像那些受到"帮助"的蝴蝶一样，萎缩了双翼，平庸一生。

有个渔夫有着一流的捕鱼技术，被人们尊称为"渔王"。依靠捕鱼所得的钱，"渔王"积累了一大笔财富。然而，年老的"渔王"一点儿也不快活，因为他三个儿子的捕鱼技术都极其一般。

于是，他经常向人倾诉心中的苦恼："我真想不明白，我捕鱼的技术这么好，我的儿子们为什么这么差？我从他们懂事起就传授捕鱼技术给他们，从最基本的东西教起，告诉他们怎样织网最容易捕捉到鱼，怎样划船最不会惊动鱼，怎样下网最容易'请鱼入瓮'。他们长大了，我又教他们怎样识潮汐、辨鱼汛……凡是我多年辛辛苦苦总结出来的经验，我都毫无保留地传授给他们，可是他们的捕鱼技术竟然赶不上技术比我差的其他渔民的儿子！"

一位路人听了他的诉说后，问："你一直手把手地教他们吗？"

"是的，为了让他们学会一流的捕鱼技术，我教得很仔细，很有耐心。"

"他们一直跟随着你吗？"

"是的，为了让他们少走弯路，我一直让他们跟着我学。"

路人说："这样说来，你的错误就很明显了。你只是传授给了他们技术，却没有传授给他们教训，对于才能来说，没有教训与没有经验一样，都不能使人成大器。"

教训是什么？对于教训的解释是这样的：教训是指把事情做错了，结果是痛苦和失败，所以说得到了教训。故事中的路人说没有教训便不能使人成器，进一步说，就是没有痛苦和失败的历练，一个人便不能成大器。

诚如美国开国先哲本杰明·富兰克林所言："唯有痛苦才会带来教益。"一个成熟的人一定经历过许许多多痛苦，没承受过太多痛苦的人一定不会成熟。承受痛苦是一个人走向成熟的必经之路，任何人都回避不了。如果一路都是坦途，那只能像渔夫的儿子那样，沦为平庸之人。

你还在遭受工作的折磨吗？

你还在遭受老板和上司的折磨吗？

你还在遭受失恋的折磨吗？

你还在遭受家人和师长的折磨吗？

你还在遭受病痛的折磨吗？

……

如果你现在还在遭受这样那样的折磨，你就该庆幸，因为命运给了你战胜自我、升华自我的机会。换一种眼光来看待这些折磨吧，感谢那些在工作和生活上折磨你的人，你就会获得幸福。唯有以这种态度面对人生，才能获得真正的成功。

苦难是对生命的体验

苦难是人生的常态，它往往伴随着我们的一生。如果能理解这一点，我们就不会对人生的苦难耿耿于怀，就能实现人生的超越。

大部分人都不愿正视苦难。遇到苦难的时候，他们要么怨天尤人，要么抱怨自己的不幸。他们总是抱怨为什么有这么多的麻烦、压力、困难与其为伴，并认为自己是世界上最不幸的人。其实，之所以会抱怨苦难，是因为他们还不曾明白苦难也是我们寻找观察世界的方式，痛苦是人的一种本质体验。

苦难连接着生活与命运，是孕育灵魂和生命的土壤，缺乏苦难的人生便失去了光彩。苦难让我们对生命的体验不再浮于表面，而是触到了本质，体验到更深邃的人生境界。

上帝有一天心血来潮，来到他所创造的土地上散步。

一位农夫说："仁慈的上帝，这五十年来，我没有一天停止过祈祷，祈祷年年不要有大风雨，不要有冰雹，不要有干旱，不要有虫害，可是不论我怎么祈祷，总不能样样如愿。"

上帝回答："我创造世界，也创造了风雨、干旱、蝗虫与鸟雀，我创造了不能如你所愿的世界。"

农夫突然跪下来吻着上帝的脚："全能的主呀，您可不可以明年允诺我的请求，只要一年的时间，不要大风雨，不要烈日干旱，不要有虫害？"

上帝说："好吧，明年不管别人如何，一定如你所愿。"

第二年，果然如农夫的所愿，他的田地结出许多的麦穗，农夫兴奋不已。可等收割的时候，奇特的事情发生了，农夫的麦穗竟是瘪瘪的，没有什么籽粒。

农夫含着眼泪跪下来，向上帝问道："仁慈的主，这是怎么一回事？您是不是搞错了什么？"

上帝说："我没有搞错什么，因为你的麦子避开了所有的考验，麦子变得十分无能。对于一粒麦子，风雨、烈日是必要的，甚至蝗虫也是必要的，因为它们可以唤醒麦子内在的灵魂。"

人的灵魂也和麦子的灵魂一样，如果没有任何苦难考验，人也只能是一个空壳而已。每一个人，从出生以后，就开始面对各种考验，并开始收获——各种考验所带来的宝贵的人生特质。那些普通的麦子尚能昭示不普通的生物延续哲学，一个人若能经受苦难的考验，经历某些可贵的坚持，能不孕育一些珍贵的人生积淀吗？

因此，只要我们敢于正视人生是苦难的这一事实，并且以一种积极乐观的态度面对它，就再不会被它困扰，反而会将它看成是人生的瑰宝。

苦难，作为人生的消极面，人人唯恐躲之不及。然而它在人生中的意义并不是完全消极的。苦难常常能够唤醒我们的灵魂。在通常情况下，我们的灵魂是沉睡着的，一旦我们感到幸福或遭到苦难时，它便醒来了。如果说幸福是灵魂的叹息和歌唱，那么苦难便是灵魂的呻吟和抗议，在两者中凸现的都是对生命意义的强烈体验。

多数时候，我们总是在为生活忙忙碌碌，无暇顾及生命的本质与内在的心灵。苦难能打断我们所习惯的生活，使我们忙碌的身子停了下来，同时也提供了一个机会，迫使我们与外界事物拉开了一个距离。只要我们善于利用这个机会，肯于思考，就会获得一种新眼光。因此，苦难中一定蕴含着人生的珍宝。

痛苦是有助于我们心灵成长的养分

要想让自己坦然地面对人生的种种痛苦，并竭尽全力去克服它，就必须先改变对待痛苦的态度。一旦我们领悟到了，我们所遭遇的每一件事，都是有助于我们心灵成长的精心设计，都是用来指导我们的生命旅程的，我们注定会成为赢家。

一群少年非常喜欢捕鱼，他们常常结伴在一泓深潭边钓鱼。但是，每次忙活大半天，都只能捕到一些小鱼。可他们却看到集市上的一位中年渔夫天天卖大鱼，于是很好奇地问："你这些大鱼是从哪里来的？"中年人说："当然是从河里得来的！"

少年好奇地问:"我们也是经常在河里捕鱼,为什么半天钓的鱼加起来还没有你的一条鱼重呢?"渔夫神秘地说道:"我有门道!不是谁想弄到大鱼就能够弄到大鱼的!"

少年们央求中年人说:"那你教教我们吧!我们只是喜欢捕鱼,保证不会在这集市上来卖鱼抢你的生意!我们只是想感受一下捕到大鱼的感觉。"在少年们的再三请求下,渔夫终于答应等集市散了,到河边为少年们传授秘诀。

集市散了,渔夫收拾好自己的鱼篓,带着少年们来到了河边。

"你们一般都在哪里捕鱼?"中年人问。少年们指一指河面比较平静的那一段,说:"当然是那里了,水流比较缓,鱼肯定比较多!"

渔夫哈哈大笑,说:"你们知道我在哪里捕鱼?"渔夫指向潭上边不远的河段里,那是一个水流湍急的河段,雪白的浪花哗哗地翻卷着。

少年们都觉得这渔夫很可笑,在浪大又湍急的河段里,怎么会捕到鱼呢?

渔夫笑笑说:"潭里风平浪静,所以那些经不起大风大浪的小鱼就自由自在地游荡在潭里,潭水里那些微薄的氧气就足够它们呼吸了。而这些大鱼就不行了,它们需要水里有更多的氧气,没办法,它们只有拼命游到有浪花的地方,浪越大,水里的氧气就越多,大鱼也越多。"渔夫又得意地说:"许多人都以为风大浪大的地方是不适合鱼生存的,所以他们捕鱼就选择风平浪静的深潭。他们想错了，一条没风没浪的小河里是不会有大鱼的，而大风大浪恰恰是鱼长大长肥的唯一条件。大风大浪看似是鱼儿们的苦难，但这些苦难却是鱼儿们的天然给氧器啊！"

水流平静的河流是不会有大鱼的，只有风大浪急的河流，才有大鱼出现。这就像一个人不经历苦难，永远成不了大气候，只有经历一定的挫折和失败，才能够真正让一个人取得成功。所以每个人需要做的，就是要正视生活中的风浪，把每一次遭遇都当成是心灵成长的精彩设计。

李嘉诚说过："苦难的生活，是我人生的最好锻炼。"因为正视了苦难对自己的作用，所以，他获得了巨大的成功。这也是为什么比尔·盖茨选择把自己财产的大部分捐出去的原因，因为他知道，如果不让孩子吃苦，那就是另一种对孩子的不负责。

正视苦难，也就正视自己的人生。苦难是最好的老师，它会让你逐渐由幼稚走向成熟，在不断的拼搏中获得成功。如果用积极的心态去面对苦难，苦难将是一笔不菲的财富。

在逆境中找到目标

"昨天所有的荣誉，已变成遥远的回忆，勤勤苦苦已度过半生，今夜重又走进风雨……"还记得1995年开始涌动的下岗浪潮吗？有多少家庭，夫妻双双丢掉了赖以生存的"铁饭碗"，有多少家庭，他们的屋檐上空笼罩着一团黑色的乌云，时不时地就会看到有雨从天空中滴落。不过,面对着这突如其来的打击,面临着生存的考验,他们中的很多人都决心开始新的生活。如今的他们,有很多已经是企业的老板、公司的老总。不屈的精神,让他们经受住了雷霆的击打,最终迎来了阳光的普照。

由过去谈及现在,再由现在拓展于未来,如今许多大学生都不能在毕业之后找到自己满意的工作,很多人也因此承受不住压力,甚至有人轻易地就结束了自己宝贵的生命。难道是我们在学校里学到的知识太多,以至于连为生命奋斗的精神都被湮没了?李大钊在引领革命志士为祖国的前程奋斗时就曾经激励青年人,他说:"青年之文明,奋斗之文明,也与境遇奋斗,与时代奋斗,与经验奋斗。故青年者,人生之玉,人生之春,人生之华也。"

1930年是美国历史上经济最为恶劣的时候,工厂倒闭、商店关门、处处减薪、成千上万的人失业,有免费发放面包的地方一定有排成长龙的队伍,整个国家都陷入了恐慌之中。

一个秋色正浓的下午,寂寥的第五大街上,皮尔遇到了他的老朋友弗雷德,两人相互寒暄。弗雷德身着深蓝色的西装,旧西装上磨出了一层油光,可见这衣服穿得已经过于长久了。然而弗雷德却没有改变往日的口吻,他对皮尔说:"老朋友,我过得挺不错的,千万不要为我担心。虽然还处于失业当中,但是我每天都在寻找工作,总有一天我会找到的,只要有耐心!"皮尔看着眼前笑嘻嘻的弗雷德,他问道:"你总是这么乐观吗?"弗雷德回答他:"我好像听说过,绷起脸来要用上六十条肌肉,但是笑的时候只需要十四条就够了！我可不想使用过多的肌肉啊。诗人约翰·巴罗不是说过吗：属于你的一定会归你所有。我的信念都是虔诚坚定的父母给予我的，虽然家境贫寒，然而我的母亲却并不在意，她常说上帝会赐予我们食物，真的，一点没错，上帝从来没有忘记我的母亲，我想上帝也不会将我遗忘吧！"

弗雷德的乐观感染了皮尔，他也不再像以前那样那么消沉了。后来，弗雷德和一个极具发明才干的人一同创立了自己的事业，最终获得了成功。

失业不但没有让弗雷德丧失对于生活的信念，相反，弗雷德的内心仍旧充满了奋斗的激情以及对于未来生活的热情与向往，他的精神正验证了赫胥黎的那句至理名言："充满着欢乐与奋斗精神的人们，永远带着欢乐，欢迎雷霆与阳光！"

生活的旅途不会一帆风顺，它的上空可能是阳光的滋养，但也有可能是雷霆的敲击，我们应该享受得起幸福，更应该经受得起考验。心若在，梦就在。因为那颗对生活坚定的心，让处于逆境中的弗雷德找到了目标，最终，他经过自己的努力实现了这个目标。

上次的错误积淀最后的成功

"一个人要做一番非凡的事业，就应具备不折不挠的意志。"在实现自己的人生价值的过程中，我们每个人都想一帆风顺，谁都不想错误百出。于是越来越多的人恐惧错误，事实上，错误远没有我们想象的那么可怕,相反,成功还是由无数个错误堆积而成的。

曾经有人做过了分析后指出,成功就是无数个错误的堆积。没错,成功者成功的原因,其中一条很重要就是"随时矫正自己的错误"。很多人害怕犯错误,比如学生怕答错卷子,业务员怕填错单子,但错误并不总是坏事,它能让我们从中吸取经验教训,再一步步走向成功。

倪萍曾是中央电视台著名主持人之一,但是,倪萍在刚刚出道时,犯过一次重大的错误。

在电视台举办的各种现场直播节目过程中,主持人遇到的最大困难是很多情况无法预料。因此,就会出现各种束手无策的情况。

1993年9月,中央电视台专门为几对金婚的老年朋友举办一期《综艺大观》,他们都是我国各行各业卓有成就的科学家,其中有一位是我国第一代气象专家。

在直播现场,当主持人倪萍把话筒递到这位老科学家面前时,她顺势就接了过去。对于直播中的主持人来说,如果把手中的话筒交给采访对象,就意味着失职,因为你手中没有了话筒,现场的局面你就无法控制,无法掌握了。更严重的是,对方如果说了不应该说的话,你就更加被动。但那时众目睽睽,倪萍根本无法把话筒再要回来。

"我首先感谢今天能来到你们中央气象台!"这位老专家第

一句话就说错了。全场观众大笑。倪萍伸出手去,想把话筒接回来,但老专家躲开了。后来倪萍又两次伸出手去,但老专家还是没给。于是,舞台上出现了倪萍和老专家来回夺话筒的情况。台下的导演急得老打手势,倪萍更是浑身出汗。

那时候,《综艺大观》是中央电视台的王牌节目之一,节目的收视率很高。直播结束后,不少观众来信批评倪萍:"你不应该和老科学家抢话筒,要懂得尊重别人……"倪萍认真地检讨了自己,她知道这是她作为节目主持人的失职。面对上亿观众,她绝对不应该抢话筒,也不应该随便打断别人的讲话,更何况是年轻人对长者。但观众们可能并不知道,直播节目的时间一分一秒都是事先经过周密安排的。如果这位长者占了太长的时间,后面的节目就没法连接了。

事情发生后,倪萍没有刻意去推脱责任,反而主动承担了这次失误。这对于刚进台不久的她来说,该需要怎样的勇气啊!接着,她仔细回忆了当时的情景,试图从中找出犯错的原因。人不怕犯错误,就怕接连犯相同的错误。经过反复的思考和总结,倪萍得出了这样的体会:如果自己在直播前,能和这位长者多交流交流,了解她的个性,掌握她的说话方式,那天就不会出现尴尬的场面。

随着电视的迅速普及,观众对电视节目主持人的要求和批评也随之增多,倪萍对此都能正确地对待。她知道,只有接受批评,然后再丰富自己、勇于突破,她的艺术生命才会越来越长。

相反，害怕批评，裹足不前，那么作为主持人，在失去观众的同时，最终也失去了自己，也就不会是一个成功者。

错误既然已经发生了，就不要再斤斤计较，你需要做的，就是从错误中吸取教训，更加努力。一个渴望成功、渴望改变现状的人，绝对不会因一个错误而停止前进的脚步，他必定会找出成功的契机，继续前进。

出现错误时，我们应该像有创造力的思考者一样了解错误的潜在价值，然后把这个错误当作垫脚石，站在上面仰望更加广阔的天空。事实上，人类的发明史、发现史到处充满了错误的假设和失败观念：为了证明地球是圆的，哥伦布曾走错了很多路；开普勒偶然间得到行星间引力的概念，他这个正确假设正是从错误中得到的；爱迪生为了制造灯泡，做了上千次失败的尝试。

错误还有一个好用途，它能告诉我们什么时候该转变方向。当你不小心撞到错误时，它就是在提醒你，抬头看看吧，你的方向是错的。这时，我们就应该改变方向，寻找人生正确的道路。

你对了,世界就对了

不要让负面的声音为事情下定论

生活中难免会遇到挫折和不幸,面对逆境,不同的人有不同的态度。有人拥有好的心态,用积极乐观的态度发现生活中的乐趣。而有人总是习惯用悲观的眼睛去丈量生活的土地,结果导致美好的事物离自己越来越远。

消极心态是一种严重的心灵疾病,它会排斥财富、成功、快乐和健康。消极的心态导致的结果将是贫穷、失败、悲观和痛苦。因此,在生活中,为了减少挫折,也为了让我们的生活中多一些美好的事物,我们决不允许让负面的声音为事情下定论。

有一个偏远的乡村,那里的人们仍然靠燃烧木材取暖。有一个专门靠伐木谋生的年轻人,几年来,他一直把自己砍伐的木材卖给一个农场主取暖。年轻人卖给农场主的柴火直径不能超过10厘米,否则农场主就无法使用,因为他家的壁炉口径只有10厘米。

有一次，这个农场主家的管家前来买柴火，年轻的伐木人让管家拉走了。但这些柴火拉回去后，却无法使用，因为大多数柴火的直径都超过了10厘米。于是，农场主马上给卖柴火的年轻人打电话，要求换成可以使用的柴火。

这位年轻人拒绝了农场主的要求。农场主并没有多说什么，而是积极地想办法。他和管家一起动手把这些大柴劈成小的。在劈柴的过程中，他们发现在一段圆木上有个很大的树洞，劈开发现其中有一个破烂的手包。他们好奇地打开手包，发现里面有很多的钞票。

农场主想把这些钞票还给年轻的伐木人。于是，他又拿起电话问那些柴火是在哪里砍的，伐木人唯恐别人知道了自己获得木材的地方，不愿说出来。后来，农场主要求他亲自来自己家里一趟，又被他以无理要求而拒绝。

尽管做了很多努力，农场主还是没能知道那段圆木是在哪里砍的，也不知道是谁把钱藏在里面的。后来，他用这些钱创办了一个木材厂，而那个年轻人依旧以艰难的伐木为主。

这位农场主拥有积极心态，意外得到一笔钱，而消极心态的伐木人错失了一个改变命运的机会。由此可见，消极的心态排斥美好的事物。如果我们要想实现自己的美好愿望，关键要把自己的心态调整到一个最佳的状态。

日常生活中，我们不怀疑会有一些好运气存在。那些以消极心态生活的人往往拒绝了降临到自己身上的好运，而拥有积极心态的人则能很好地调整自己的心态。

怀着消极心态的人不但想到外部世界最坏的一面，而且总是想到自己最坏的一面。他们不敢企求更好的目标，所以往往收获更少。当遇到一个新观念时，他们的反应往往就是"这是行不通的，从前根本就没有这么干过"。

生活就像一面镜子，我们从生活中看到的东西常常是自己心态的映照。假如你的心态是黯淡无光的，那现实生活在你的眼中就会是黯然无光的。假如你的心态是晴空朗朗的，那生活在你的眼里就会是充满阳光的。

如果一个人总是带着怀疑、恐惧、无奈的心情去生活，那无疑是在煎熬自己的生命。反之，一个人倘若能生活在充满喜悦的安详中，他就会发现原来生活是这样美好，他的心情就会一片宁静。

虽然有时候我们常常会因为遇到了困难而痛苦不安，可是困难不会因为你的痛苦而消失。所以，当我们苦闷的时候不妨尝试着放松心情，暗示自己这是很正常的事情，根本就没什么大不了的。我们也可以适当倾诉，但是不能将心情一直沉浸在不幸的事情上。事实就是这样，人生处处都有希望，只要你想去做，尽力做，就能做得更好。

消极心态不仅影响人们的工作、学习和生活，还会让人陷入悲观、失败的痛苦甚至绝望之中。因此，我们要想积极乐观地面对工作和生活，就必须改变消极的生活态度，保持良好的心理环境。具体要注意以下几点：

期望值不宜过高

我们做每一件事情，都具有明确的目的性。因此，我们在确定目标或者是对预期结果进行设想时，要注意不要把期望值定得过高，要把各种不利因素都充分考虑进去，给自己留出一定的余地。这样确定出来的目标，经过我们的一番努力之后，就能够实现，并有可能超过，这样我们就能体会到成就感。如果我们把目标定得过高，等待我们的往往是失望。

学会自我调适

人处在逆境中，要注意保持心理平衡。要认识到，事情已经发生了，任何痛苦忧愁都不能改变现实。与其郁郁寡欢，不如努力调适自己，化抱怨为抱负。

比如，我们可以有意识地转移自己的注意力，尽可能多想一些高兴的事，尽可能多想一些让自己放松的事情。自觉地用乐观情绪来冲淡消极情绪，取代消极情绪。

学会自觉疏泄

人们在感到不高兴时，往往闷头不语，这是非常不好的。尤其是对于女性来说，最好不要郁积在心，要主动向丈夫、知心朋友倾诉自己的心里话。这样，一方面在叙说过程中，一些消极情绪会释放出来，心中有一种舒畅的感觉；另一方面，经别人帮助分析、劝慰，可以从原来的思维方式中跳出来，让自己的精神得到解脱。

培养乐观开朗的性格

要改变消极情绪,最根本的是要培养自己乐观开朗的性格。在现实生活中我们要豁达洒脱,对生活中的一些挫折,不要看得过重,更不要斤斤计较、耿耿于怀。要学会用生活中那些美好的东西来陶冶自己的情操,使自己感到生活的充实,让自己对生活充满信心。

正是"糟透了"的定义方式影响了我们

生活中,我们不可能不遇到逆境,有悲观情绪的人总喜欢想到事情最坏的一面,稍微遇到一点困难就会说"太糟糕了"或"糟透了"。

"糟透了"是一种消极的心理暗示,意思是说事情到了无法挽回的地步了,仿佛天马上就要塌了下来。这种思维方式一旦形成,哪怕是一个很小的打击也足以使他绝望,令他一败涂地。

"太好了"和"太糟了"是两种完全不同的心态。面对得失,他们能左右你的心情,决定让你是快乐还是烦恼,是积极挽救还是消极面对。看待事情不同的思维方式直接影响着心情的好坏。

一个老太太有两个女儿,大女儿嫁给了一个卖伞的,二女儿嫁给了一个卖草帽的,她希望两个女儿都可以挣到钱。

于是,每到晴天,老太太就唉声叹气地说:"大女婿的雨伞不好卖,大女儿的日子不好过了。"可是一到雨天,她又想起了二女儿:"雨天没有人买草帽了,二女儿可怎么过?"这样一来,无论晴天还是雨天,老太太总是不开心。

一天,老太太的邻居看她整日忧愁,感觉非常好笑,便对老太太说:"下雨天的时候,你应该想到大女儿的伞好卖多了;晴天的时候,你要想到二女儿的草帽生意不错。这样想,她们的生意都不错,你不就天天高兴了吗?"

老太太听了邻居的话,从此不再唉声叹气,天天脸上都有了笑容。

面对同一件事,由于心态的不同,得出的结论也就不同,最后获得的快乐更加不同。正如英国作家萨克雷所说:"生活就是一面镜子,你笑,它也笑;你哭,它也哭。"

在我们的生活中,每天都有很多事情要发生。而每一件事都有它的正反两面,这样看也许就是快乐,那样看没准儿就是烦恼。如何及时调整心态,积极乐观地看待生活中的每件事,遇事往好的方面想,好运便会自然来到。

琳达今年36岁,曾经流产两次,两年前离了婚。她现在最渴望生小孩,她感到如果自己不能生一个孩子,她的生活就会有很大一部分的缺失,而这种遭受严重损失的感觉让她觉得生活"糟透了"。更糟糕的是,她一直都没能找到合适的对象。所以,她为此郁闷不已。

过了一段时间后,随着她找到合适对象的希望日益渺茫,她变得更加抑郁。遇人就诉说这种处境,而且总会说一句"真是糟透了"。事实上,琳达明白,不能生小孩其实并不能说是糟糕透了,而是因为她总是由此想到以前的不幸经历,加上她想要生小孩的愿望非常强烈,所以,如果无法实现这个愿望,就的确称得上是一件"糟透了"的事。

直至有一天,这种"糟透了"的定义方式严重影响到了琳达的工作和生活。她找到一个心理医生咨询。医生设法让她明白,虽然将她遭受损失的情况称为"糟糕"的确会让她很悲伤也很难过,但将其称为"糟透了"就不仅仅只会让她感到悲伤难过了,还会让她感到绝望,没有任何解决的办法。"糟透了"这几个字意味着她所遭受的损失让她感到很悲伤,可是这种悲伤本来是不应该存在的。

心理医生还告诉她说:"就你的情况而言,各种程度的损失和悲伤当然应该存在。只是你过于强调这种感受,难免会陷入被痛苦反复折磨的日子。如果你把这种不幸称为'糟透了',就会给自己带来抑郁感。这对于你生小孩或得到自己所想要的东西都没有任何好处。"

通过心理医生的疏导,琳达自开始调整心态。当她开始想事情原本没有那么糟糕时,内心仿佛就没那么痛苦了,心情也好多了。

于是,琳达开始不断告诉自己:"情况尽管不理想,但只是糟而已,根本就称不上是糟透了!虽然我的悲伤仍会存在,但我却能解除自己的抑郁感。即使是巨大的悲伤也称不上是'糟透了'"。

后来,琳达逐渐消除了自己的抑郁感,她开始不断尝试,并希望能找到一个合适的伴侣,然后完成自己做母亲的心愿。

"糟透了"这样的字眼暗示了一种坏到不能再坏的程度。其实很多事情,并没有严重到无法补救的程度。除非你硬要把"坏"定义为"糟透了",否则,没有什么东西可称得上是"糟透了"的。因此,请不要再随意说"糟透了"之类的消极话语,不要让这种定义方式影响到自己的生活,否则,你将终日抑郁。

要知道,生活中总会遇到很多事情。当你得到的时候,要倍加珍惜;当你失去的时候,也不必懊恼。有时坏事可以变成好事,相反,好事也可能变成坏事,就看你用什么心态面对了。

消除"不可能主义"

生活中,对于消极失败者来说,他们的口头禅永远是"不可能",这已经成为他们的失败哲学,他们奉行着"不可能"主义,一直走向失败。

古代波斯有位国王,想挑选一名官员担当一个重要的职务。

他把那些智勇双全的官员全都召集来,想试试他们之中究竟谁能胜任。官员们被国王领到一座大门前。面对这座国内最大的、来人中谁也没有见过的大门,国王说:"爱卿们,你们都是既聪明又有力气的人。现在你们已经看到,这是我国最大最重的大门，可是一直没有打开过。你们中谁能打开这座大门，帮我解决这个久久没能解决的难题？"

不少官员远远地望了一下大门，就连连摇头。有几位走近大门看了看，退了回去，没敢去试着开门。另一些官员也都纷纷表示，没有办法开门。这时，有一名官员走到大门下，先仔细观察了一番，又用手四处探摸，用各种方法试探开门。几经试探之后，他抓起一根沉重的铁链子，没怎么用力拉，大门竟然开了！原来，这座看似非常坚牢的大门，并没有真正关上，任何一个人只要仔细察看一下，并有胆量去试一试，比如拉一下看似沉重的铁链，甚至不必用多大力气推一下大门，都可以打得开。如果连摸也不摸、看也不看，自然会对这座貌似坚牢无比的庞然大物感到束手无策了。

国王对打开大门的大臣说："朝廷那重要的职务，就请你担任吧！因为在别人感到无能为力时，你却会想到仔细观察，并有勇气冒险试一试。"他又对众官员说："其实，对于任何貌似难以解决的问题，都需要我们开动脑筋、仔细观察，并有胆量冒一下险，大胆地试一试。"

那些成功的人，如果当初都在一个个"不可能"的面前因恐惧失败而退却，放弃尝试的机会，他们也将流于平庸。没有勇敢的尝试，就无从得知事物的深刻内涵，而勇敢做出决断了，即使失败，也会因为对实际的痛苦亲身经历而获得宝贵的体验，从而在命运的挣扎中越发坚强、越发有力，越接近成功。

只要敢于蔑视困难，把问题踩在脚下，最终你会发现：所有的"不可能"，都有可能变为"可能"。

"不可能"只是失败者心中的禁锢，具有积极态度的人，从不将"不可能"当回事。

科尔刚到报社当广告业务员时，经理对他说："你要在一个月内完成20个版面的销售。"

20个版面，一个月内？科尔认为不可能完成，因为他了解到报社最好的业务员一个月最多才销售15个版面。

但是，他又不相信有什么是"不可能"的。他列出一份名单，准备去拜访别人以前招揽不成功的客户。去拜访这些客户前，科尔把自己关在屋里，把名单上的客户的名字念了10遍，然后对自己说："在本月之前，你们将向我购买广告版面。"

第一个星期，他一无所获；第二个星期，他和这些"不可能的"客户中的5个达成了交易；第三个星期，他又成交了10笔交易；月底，他成功地完成了20个版面的销售。在月度的业务总结会上，经理让科尔与大家分享经验，科尔只说了一句："不要害怕被拒绝，尤其是不要害怕被第一次、第十次、第一百次，甚至上千次的拒绝。只有这样，才能将不可能变成可能。"

报社同事给予他最热烈的掌声。

在生活中，我们时常碰到这样的情况：当你准备尽力做成某项看起来很困难的事情时，就会有人走过来告诉你，你不可能完成。其实，"不可能完成"只是别人下的结论，能否完成还要看你自己是否去尝试，是否尽力了。是否去尝试，需要你克服恐惧失败的心理；是否尽力，需要你克服一切障碍，获得力量。以"必须完成"或者"一定能做到"的心态去拼搏奋斗，你一定会做出令人羡慕的成绩。

在积极者的眼中，永远没有"不可能"，取而代之的是"不，可能"。积极者用他们的意志、他们的行动，证明了"不，可能"的"可能性"。

"只要有足够的意志力、足够的头脑和足够的信心，几乎任何事情都可以做到。"不是不可能，只是暂时没有找到方法。不要给自己太多的框框，不要总是自我设限，应该将注意力的焦点集中在找方法上，而不是在找借口上。正如哈瑞·法斯狄克所说："这世界现在进步得太快了，如果有人说某件事不可能做到，他的话通常很快就会被推翻，因为很可能另一个人已经做到了。在信心和勇气之下，只要我们认为可以做到，就可以以科学的方法推翻'不可能'的神话，我们就可能做成任何我们想做的事情。"

降低"我受不了了主义"的影响

在现实生活中，有些人总是喜欢放大自己的不如意。工作中受了一点委屈，朋友误会了自己，只要是自己不喜欢的事情发生，他们往往就会不知所措地抱怨："我受不了了！我没法再忍受下去了！"可实际情况远没有那么糟。

　　仔细分析一下，你会发现没什么事情让你真的受不了。即使你当时无法接受一些事情，可等自己冷静下来你就会发现，事情并没有糟糕到无法挽回的地步。

　　张伟大学毕业进入了一个软件开发公司，他本人能力出色，进公司不到半年，就为公司开发出好几种软件。可他与上司的关系并不好，这一度让他的人际关系陷入僵局。

　　那些工作能力不如他的人对上司阿谀奉承，赢得了上司的青睐。在一次晋升中，张伟本来很有希望升为项目组长，结果却被一个比他进公司晚，能力不如他的同事抢先了。

　　张伟宁愿坚持自己的原则，也不愿将自己变成一杯水，可以装进任何容器里。他不愿妥协于阿谀谄媚，他觉得自己实在无法忍受主管的反复无常和假公济私，决定离职。

　　在递辞职信时，他在楼梯间遇见别的部门的主管，他俩仅有数面之缘，他微微一笑，点头招呼。这主管看见他手上的辞职信，一脸的惊讶，对他说："如果你另有高就，那恭喜你；如果是为了你们部门的主管，那你可能要考虑一下。你一定要学习着如何与不同的人相处，不然你永远都会遇见这种人，然后手足无措。"

　　张伟听了这番话，突然明白了，其实这件事没有自己想象的那么严重，不是什么大不了的事。如果因为这个而影响了自己的职业发展，那就得不偿失了。后来，张伟没有离职，他试着去学习如何与主管相处，他仍然不认同一些与自己原则相悖的事情，但他不反抗。他看见事情好的一面，他和主管之间也从对立变成平行。

也许你真的无法承受某些痛苦的事情，如没能找到一份好工作，或者被你所爱的人拒绝，但你会因此就失去生命吗？不会的。

事实上，在那些你不喜欢的事情中，几乎没有什么事对你来说是性命攸关的，而且如果你真的面临实实在在的危险，那么你反而不会轻易说："我受不了了！"也就是说，你实际上是能够忍受几乎每一件你所不喜欢的事情的。

我们在一起5年了，我脾气不好，他一直都谦让我。前几天，我们还商量以后结婚的事情，我们一起设计了房子的装修图纸。我从来没有想过分开，一辈子都忘不了他给我的温暖的感觉。除了他，我没有想过会与另一个男人结婚。

可是就在昨天我们分手了，现在我生活中的一切都有他的身影，我用的东西都是我们一起买的。我求他，想挽回这段感情，可是他坚定地说："不可能了"。我问他原因，他说我们总吵架，我们的性格不合。

他真的就这么残酷吗？我不相信他不爱我了。我太痛苦了。我无法接受这个事实，我们快结婚了，我把这份感情看得那么重，而他却这么无情。我每时每刻都能想起他对我的好，太折磨人了，我快受不了了。

像上面这个女孩所说"受不了失恋的痛苦""没法忍受失去我心上人的爱"之类的想法其实是被夸大了的。事实上,无论多么严重的事情发生,你仍有选择的余地。你不但可以去处理它们,而且可以去寻求其他方面的满足感。

让我们主动去降低"受不了了主义"的负面影响吧。走出自我设置的困境,面对现实,坦然接受,相信你可以做得更好。

世界接受的是我们对自己的评价

世界只接受我们自己对自己的评价。如果你坚持相信生命是孤苦的,没有人爱你,那么,你的世界很可能真的孤苦和没有人爱——因为你自己躲在阴暗处,太阳自然照不到你。然而,如果你愿意抛弃这种信念,相信"到处充满了爱,人们爱你,你也爱别人",并坚信这种新的信念,那么你的世界就会变成这样。可爱的人将会走进你的生活,原先就在你生活中的人也会变得更加可爱,你会发现,你更容易向别人表达你对他们的爱。

你有没有这样的经历,你遇到某个人,而且一看就知道,你不喜欢他,因为他长得像曾经伤害你的人。不管他们做了什么,都只是在加强你对他们的错误评价。其实,真正地相处下来,也许当初这个让你一看就烦的人,实际上很可爱的。对他的所有评价只是我们内心给自己的结论。烦恼也是如此,真正的烦恼也是自己给自己的。

一位心理学家为了研究人的烦恼的来源，做了一个有趣的实验。他让参加实验的志愿者在周日的晚上把自己对未来一周的忧虑与烦恼写在一张纸上，并署上自己的名字，然后将纸条投入"烦恼箱"。

一周之后，心理学家打开了这个箱子，将所有的"烦恼"还给其所属的主人，并让志愿者们逐一核对自己的烦恼是否真的发生了。结果发现，其中90%的"烦恼"并未真正发生。随后，心理学家让他们把过去一周真正发生过的烦恼记录下来，又投入"烦恼箱"。

三周之后，心理学家再次把箱子打开，让志愿者重新核对自己写下的烦恼，这次，绝大多数人都表示，自己已经不再为三周之前的"烦恼"而烦恼了。

在这个实验中，我们都会发现：烦恼原来是预想的很多，出现的却很少；自认为沉重到无法负担，转瞬也便如骤雨急停。人生的烦恼大都是自己寻来的，而且大多数人习惯把琐碎的小事放大。

"月有阴晴圆缺，人有悲欢离合"，自然的威力，人生的得失，都没有必要太过计较，太较真了就容易受其影响。人到世间来，不是为苦恼而来的，所以不能天天板着面孔。伤心、烦恼、失意，这样的人生毫无乐趣而言，所以，我们应该为自己的人生塑造一个乐观、积极、进取的心态，快乐地活着。

超越自卑,做最好的自己

没有人生来就是失败者

没有人生来就是要失败的。如果我们生来就坚信自己可以胜利,不管遇到多大的挫折都让自己站起来,那么,我们最后十有八九能成功。就像罗曼·罗兰所说的:"任何事只要你想要,而且是一定要,那么十之八九能成。"

闻名商界的"世界船王"包玉刚刚开始经营航运业时,仅靠一条破船闯大海。当时曾引起不少人的嘲弄,但包玉刚并不在乎别人的怀疑和嘲笑,他相信自己会成功。他抓住有利时机,正确决策,不断发展壮大自己的事业,终于成为雄踞"世界船王"宝座的华人巨富。

包玉刚中学毕业后当过学徒、伙计,后来又学做生意。30岁时曾任上海工商银行的副经理、副行长,并小有名气。31岁时包玉刚随全家迁到香港,他靠父亲仅有的一点资金,从事进口贸易,但生意毫无起色。他拒绝了父亲要他投身房地产业的要求,表明了从事航运的打算。因为包玉刚的父辈没有从事过航运业,当时航运竞争也十分激烈,风险极大,亲朋好友均纷纷劝阻他。但是包玉刚却信心十足,他经过周密的分析,认为航运业会有很广阔的发展前景,并且香港通航世界,是商业贸易的集散地,其优越的地理环境有利于航运业的发展。

包玉刚确信自己能在大海上开创一番事业。于是,他抛开了他所熟悉的银行业、进口贸易,投身于他并不熟悉的航运业,他的举动遭到了很多人的哂笑。对一个穷得连一条旧船也买不起的外行,谁也不肯轻易把钱借给他,人们根本不相信他会成功。他四处告贷,但到处碰壁,尽管钱没借到,但他经营航运的决心却更大了。后来,在一位朋友的帮助下,他终于贷款买来一条20年航龄的烧煤旧货船。

从此,包玉刚就靠这条整修一新的破船,扬帆起锚,跻身于航运业了。经过一番苦心经营,包玉刚所创立的"环球航运集团"在世界各地设有20多家分公司,曾拥有过200多艘载重量超过2000万吨的商船。他拥有的资产达50亿美元,曾位居香港十大财团的第三位。

包玉刚的平地崛起,令世界上许多大企业家为之震惊:他靠一条破船起家,经过无数次惊涛骇浪,渡过一个又一个难关,终于建起了自己的王国,结束了洋人垄断国际航运业的历史。回顾一下他成功的道路、他在困难和挑战面前所表现出的坚定信念,难道不能使我们有所启迪吗？

　　包玉刚的这种自我肯定的力量为其事业的成功提供了精神动力，在商界留下了美名。一些人总是奇怪自己为什么在社会中如此卑微、如此不值一提、如此无足轻重，其中的原因就在于他们不能像包玉刚那样自信地、那样积极地去思考。他们没有建设者、胜利者或征服者的心态，他们总给人以软弱无力的印象。

　　如果我们始终如一地以一种自信的心态来生活，那么我们的生活中将充满阳光。

任何时候，都不要急于否定自己

　　英国著名政治改革家和道德家塞缪尔·斯迈尔斯认为，一个人必须养成肯定事物的习惯。如果不能做到这点，即使潜在意识能产生更好的作用，仍旧无法实现愿望。与肯定性的思考相对的，就是否定性的思考，一个人如果习惯了否定性的思考，那么他看什么都是消极的。

　　人类的思考容易向否定的方向发展，所以肯定思考的价值越发重要。如果一个人经常抱着否定想法，那他必然无法期望理想人生的降临。习惯用否定思维思考的人，他们往往对自己缺乏自信，他们经常否定自己，他们老是认为"凡事我都做不好""人生毫无意义可言，整个世界只是黑暗""过去屡屡失败，这次也必然失败""没有人肯和我合作""我是一个没什么能力和特长的人"……抱着这种想法,他们的生活往往不快乐。

当我们问及此种想法为何产生,得到的回答多半是:"我本来就是这样,我对我自己也没什么信心。"尤其是忧郁者,他们会异口同声地说:"我也拿自己没办法。"然而,换一个角度去想,现实并不如你所想象的那么糟。

肯定了自我,有了乐观而积极的想法,我们才会找到新的人生方向和意义。诸如失恋、失业之类的残酷事实,有时会不可避免地发生,但千万不要因此而绝望地否定自己,从此就一蹶不振。只要我们肯定自己的能力,相信自己还可以继续生活下去,就没什么可以阻挡我们前进。

特别是当我们处于绝望的状态时,我们更应肯定自己,告诉自己凡事只有尝试过了才知道结果,不要在一切行动还没开始之前,就先下结论断定自己不行。

两兄弟相伴去遥远的地方寻找人生的幸福和快乐。他们一路上风餐露宿,困难重重,在即将到达目的地的时候,遇到了一条风急浪高的大河,而河的彼岸就是幸福和快乐的天堂。关于如何渡过这条河,两个人产生了不同的意见,哥哥建议采伐附近的树木造成一条木船渡过河去,弟弟则认为无论哪种办法都不可能渡得了这条河,只能等这条河流干了,才能走过去。

于是,建议造船的哥哥每天砍伐树木,辛苦而积极地制造船只,同时学会了游泳;而弟弟则每天只知道消极等待,等待河里的水快快干掉。直到有一天,已经造好船的哥哥准备扬帆的时候，弟弟还在讥笑他的愚蠢。

不过，哥哥并不生气，临走前只对弟弟说了一句话："你没有去做这件事，怎么知道自己不行？"

能想到等河水流干了再过河，这确实是一个"伟大"的创意，可惜这是个注定永远失败的创意。这条大河终究没有干枯掉，而造船的哥哥经过一番风浪最终到达彼岸，两人后来在这条河的两岸定居了下来，也都有了自己的子孙后代。河的一边叫幸福和快乐的沃土，生活着一群自信的人；河的另一边叫失败和失落的荒地，生活着一群不断否定自我的人。

在我们的身边经常听到这样的声音，"我不行""我不能"。你真的不可能吗？你真的不行吗？不一定。你没去尝试，你怎么知道自己不行？

经常把"我不行""我不能"挂在嘴边，是一种愚蠢的做法。为什么这么说？因为如果我们常常说自己不行，就相当于给了自己一个消极的心理暗示。你的意识会接受并慢慢记住这个指令，时间长了，你真的就会朝着这个方向发展。

所以，你永远不要说"我不行""我不可以""我一定做不到"之类的话。记住一个吸引力法则：你想美好的事情，美好的事情就真的会跟随而来；你想消极的事情，事情就会朝着消极的方向发展。因此，无论什么时候，无论做什么事情前，我们都不要急于否定自己。

自卑在于认为自己不配得到幸福

　　自卑者时常会觉得自己不配得到幸福。外貌平凡的女孩子认为自己不配得到爱情的甜蜜，因为她们看到"白马王子"身边常常依偎着美丽的女子；经济拮据的小伙子认为自己不配得到爱情的幸福，因为在他们眼中，好女孩都需要一个有钱的男人来作为依靠。越是有这种与事实不太相符的想法，自卑者心中的自卑感就越是强烈，而自卑感的强烈也直接降低了他们捕捉幸福的敏锐程度。

　　尖嘴猴腮的狸猫与人见人爱的波斯猫同样都能吃到鲜美的鱼肉，因为前者是靠着自己的捕鱼本领获得的美食，而后者的盘中美味则是主人所施舍的。狸猫知道自己不会被人收养为宠物，所以它练就了一身求生的本领，而养尊处优的波斯猫则不需要为生存而有过多的担忧。我们能说狸猫是不幸福的吗？它根本没有因为自己的相貌而自卑，它同样在日光的沐浴下梳理自己的毛发，在幽静的山间饮用甘甜的露水，自由自在地享受生命的美好，而被人们饲养在家中的波斯猫能够享受大自然给予的恩赐吗？

　　玛丽从小就认为自己长得不漂亮，她对自己的外表非常自卑，因此平时走路也是低着头的。有一次，玛丽到一家饰品店去买了一个绿色的蝴蝶结，因为老板不停地赞美她戴上这个蝴蝶结非常漂亮。玛丽虽然对自己的长相不自信，但是听了老板的赞美后心里还是非常高兴的，她决定买下了。因为想要大家都看看她漂亮的蝴蝶结，所以走出饰品店的时候，玛丽不由得昂起了头，就连跨出门槛时与别人撞了一下她都没有在意。

出了饰品店后，玛丽往学校的方向去了。她走进教室，迎面碰到了自己的老师，老师边拍着玛丽的肩膀边对她说："玛丽，你抬起头来真漂亮！"走进教室之后，又有很多同学都夸她好看，玛丽觉得一定是蝴蝶结的功劳。回到家后玛丽走到镜子旁边，想要看看自己戴上蝴蝶结后究竟有多么好看，然而让她惊讶的是，蝴蝶结根本就不在她的头上，一定是走出饰品店的时候与别人撞掉了。不过玛丽知道，她以后再也不需要蝴蝶结了。

其实，很多人的"自卑"的标签完全是自己给自己贴上去的，就像以前的玛丽一样。幸运的是，玛丽因为一个绿色的蝴蝶结而摆脱了自卑的心理，而其他自卑的人或许还在受着自我的折磨。

没有天生的自卑者，将痛苦作为激励自己前进的动力，在努力的工作与学习中将痛苦化作云烟，让它随风而去，这不是一种很完美的方法吗？

把自卑还给上帝

世上大部分不能走出困境的人都是因为对自己信心不足，他们就像一棵脆弱的小草一样，毫无信心去经历风雨，这就是一种可怕的自卑心理。所谓自卑，就是轻视自己，自己看不起自己。自卑心理严重的人，并不一定是其本身具有某些缺陷或短处，而是不能悦纳自己，总是自惭形秽，常把自己放在一个低人一等，不被自我喜欢，进而演绎成别人也看不起自己的位置，并由此陷入不能自拔的痛苦境地，心灵笼罩着永不消散的愁云。

湖南有一位大学生，毕业后被分配在一个偏远闭塞的小镇任教。看着昔日的同窗有的分配到大城市，有的分配到大企业，有的投身商海，而他充满梦想的象牙塔坍塌了，烦琐的现实，好似从天堂掉进了地狱。自卑和不平衡油然而生，从此，他不愿与同学或朋友见面，不参加公开的社交活动。为了改变自己的现实处境，他寄希望于报考研究生，并将此看作唯一的出路。但是，强烈的自卑与自尊交织的心理让他无法平静，在路上或商店偶然遇到一个同学，都会好几天无法安心，他痛苦极了。为了考试，为了将来，他频频拿起书本，却又因极度的厌倦而毫无成效。据他自己说："一看到书就头疼。一个英语单词记不住两分钟；读完一篇文章，头脑仍是一片空白。最后连一些学过的常识也记不住了。我的智力已经不行了，这可恶的环境让我无法安心，我恨我自己，我恨每一个人。"

几次失败以后，他停止努力，荒废了学业，当年的同学再遇到他，他已因过度酗酒而让人认不出了。

一个怀有自卑情结的人，往往坐失良机。当大好的人生机遇出现在眼前时，自卑者往往不敢伸手一抓，不敢奋力一搏。未战心先怯，白白贻误良机。

更重要的是，具有自卑情结，会造成人格和心理的卑怯，不敢面对挑战，不敢以火热的激情拥抱生活，而是卑怯地自怨自艾。久而久之，积卑成"病"，失去应有的雄心和志气。

那我们应该如何克服自卑，建立真正的自信呢？

每天照三遍镜子

清晨出门时，对着镜子修饰仪表，整理着装，务必使自己的外表处于最佳状态。午饭后，再照一遍镜子，修饰一下自己，保持整洁。晚上就寝前洗脸时再照照镜子。这样，一整天你都不必为自己的仪表担心，而会一心去工作、学习。

参加集会时，坐在前面

坐在前排，是培养自信的一个好方法。

坐在前面比较显眼，没错！虽然坐在前排较醒目，但是别忘了想不醒目而成功是不可能的。成功本身就很显眼，引起别人注意可以增强你的心理承受能力。

从现在起，你可以在参加各种集会时尽量坐在前排。如果你能养成自动坐到前面的习惯，那么，这种习惯会带给你无限自信。

和别人谈话时，注视对方的眼睛

凝神注视对方，等于告诉对方："我是正直的人，对你绝不隐瞒任何事情。我对你说的话，是我打心底里相信的事情。我没有任何恐惧感，我对自己充满了信心。"

微笑，给自己更多自信

微笑是自信缺乏者的特效药，微笑能给你带来自信，使你祛除恐惧与烦恼，击碎消沉的意志。微笑能唤起对自我的认同，当你微笑时，说明你看重自己和自己的状态，对自己感到满意，这将有助于你更上一层楼；你微笑，在别人看来你是一个大方开朗的人，无形中会吸引对方，由此更能赢得别人的尊重。

任何时候都不要忘了自我赞美

尼采说："每个人距自己是最远的。"这句话的意思是说，人类最不了解的是自己，最容易疏忽的也是自己。

有人说，演员必须有人赞美，如果好长时间没人赞美，他就应自己赞美自己，这样才能使自己经常保持舞台激情。员工需要老板的褒奖，学生需要老师的表扬，孩子需要父母的肯定，都是一个道理。人们的心灵是脆弱的，需要经常的激励与抚慰，常常自我激励、自我表扬，会使自己的心灵快乐无比，并让自己时常存有自信的感觉。

一个人只有时刻保持自信和快乐的感觉，才会使自己在不顺心的生活中更加热爱生命、热爱生活。只有快乐、愉悦的心情，才能激发人的创造力。只有不断给自己创造快乐，才能远离痛苦与烦恼，才能拥有快乐的人生。

一个喜欢棒球的小男孩，生日时得到一副新的球棒。他激动万分地冲出屋子，大喊道："我是世界上最好的棒球手！"他把球高高地扔向天空，举棒击球，结果没中。他毫不犹豫地第二次拿起了球，挑战似的喊道："我是世界上最好的棒球手！"这次他打得更带劲，但又没击中，反而跌了一跤，擦破了皮。男孩第三次站了起来，再次击球。这一次准头更差，连球也丢了。他望了望球棒道："嘿，你知道吗，我是世界上最伟大的击球手！"

后来，这个男孩果然成了棒球史上罕见的神击手。是自己的赞美给了他力量，是自我赞美成就了小男孩的梦想。也许有一天，我们能像小男孩一样登上成功的顶峰，那时再回首今天，我们会看见通往凯旋门的大道上，除了脚印、汗水、泪水，还有一个个驿站，那便是自己的赞美。

这种对自我的赞美，正是一颗深深地植根于自己灵魂中的种子，最后一定会在现实生活中结出无数颗能展示生命之美的果实。

当年拿破仑在奥辛威茨不得不面临着与数倍于自己的强敌决战时，拿破仑对即将投入战斗的将士们说："……我的兄弟们，请你们记住：我们法兰西的战士，是世界上最优秀的战士，是永远都不可战胜的英雄！当你冲向敌人的时候，我希望你们能高喊着：我是最优秀的战士，我是不可战胜的英雄！"战斗中，法国将士高喊着"我是最优秀的战士，我是不可战胜的英雄"的口号，他们以一当十，摧枯拉朽，大败奥、俄等国的联军。

赞美自己，你就可从中获得不可战胜的力量；赞美自己，你就可使自己自信的阳光融化心中的任何胆怯和懦弱；赞美自己，你就可以唤醒自己生命里沉睡的智慧和能力，从而推动自己事业的蓬勃发展；赞美自己，你的灵魂从此将不再迷失在绝望的黑暗里……

渴望得到别人的赞美毕竟不如自己赞美自己来得容易。既然我们需要赞美,既然赞美可以让我们更上一层楼,催我们奋进,那么我们为什么不时常赞美自己几句呢?赞美自己几句,为自己喝彩,为自己叫好,你就能体会到成功的喜悦。

别人的否定不会降低你的价值

生命的价值取决于我们自身,除了自己,没人能让我们贬值。很多人在生命中会遇到低谷,有失意的时候,但苦难也不能让生命贬值;相反,它更是财富。

1944年4月7日,施罗德出生在下萨克森州的一个贫民家庭,他出生后第三天,父亲就战死在罗马尼亚。母亲带着他们姐弟二人相依为命。

生活的艰难使母亲欠下许多债。一天,债主逼上门来,母亲除了痛哭无能为力。年幼的施罗德拍着母亲的肩膀安慰她说:"别伤心,妈妈,总有一天我会开着奔驰车来接你的!"40年后,终于等到了这一天。施罗德担任了下萨克森州州长,开着奔驰车把母亲接到一家大饭店,为老人家庆祝80岁生日。

1950年,施罗德上学了。因交不起学费,初中毕业后他就到一家零售店当了学徒。贫穷带来的被轻视和瞧不起,使他立志要改变自己的人生:"我一定要从这里走出去。"他想学习,他在寻找机会。1962年,他辞去了店员之职,到一家夜校学习。他一边学习，一边到建筑工地当清洁工。这样不仅收入有所增加，而且圆了他的上学梦。

4年后，他进入哥廷根大学夜校学习法律，圆了上大学的梦。毕业之后，他当了律师。32岁时，他当上了汉诺威霍尔律师事务所的合伙人。回顾自己的经历，他说，每个人都要通过自己的勤奋努力，而不是通过父母的金钱来使自己接受教育。这对个人的成长至关重要。

通过对法律的研究，施罗德对政治产生了兴趣。他积极参加政党的集会，最终加入了社会民主党。此后，他逐渐崭露头角，步步提升。1969年，他担任哥廷根地区的主席，1971年得到政界的肯定，1980年当选议员。1990年他当选为下萨克森州州长，并于1994年、1998年两次连任。政坛得志，没有使他放弃做联邦政治家的雄心。1998年10月，他走进联邦德国总理府。

是的，就像施罗德这样，即使再困苦，他的生命也不卑微，也没有贬值。在我们的生活中，或许常常会因角色的卑微而否定自己的智慧，因地位的低下而放弃自己的梦想，有时甚至因被人歧视而消沉，因不被人赏识而苦恼。这个时候，我们就应该大声对自己说：我生命的火焰永不熄灭，总有一天，会照亮大地与天空。

"自古雄才多磨难，从来纨绔少伟男"，人们最出色的工作往往是在挫折逆境中做出的。我们要有一个辩证的挫折观，认识到挫折和教训可以使我们变得聪明和成熟，正是失败本身才最终造就了成功。

第二章

逆境心理应对：

那些打不败你的，终将让你更强大

你比自己想象的更强大

有一种成功叫锲而不舍

德国伟大诗人歌德在《浮士德》中说:"始终坚持不懈的人,最终必然能够成功。"人生的较量就是意志与智慧的较量,轻言放弃的人注定不是成功的人。

约翰尼·卡许早就有一个梦想——当一名歌手。参军后,他买了自己有生以来的第一把吉他。他开始自学弹吉他,并练习唱歌,他甚至创作了一些歌曲。服役期满后,他开始努力工作以实现当一名歌手的夙愿,可他没能马上成功。没人请他唱歌,就连电台唱片音乐书目广播员的职位他也没能得到。他只得靠挨家挨户推销各种生活用品维持生计,不过他还是坚持练唱。他组织了一个小型的歌唱小组在各个教堂、小镇上巡回演出,为歌迷们演唱。最后,他灌制的一张唱片奠定了他音乐工作的基础。他吸引了两万名以上的歌迷,金钱、荣誉、在全国电视屏幕上露面——

所有这一切都属于他了。他对自己深信不疑,这使他获得了成功。

接着,卡许经受了第二次考验。经过几年的巡回演出,他被那些狂热的歌迷拖垮了,晚上须服安眠药才能入睡,而且要吃些"兴奋剂"来维持第二天的精神状态。他沾染上了一些恶习——酗酒、服用催眠镇静药和刺激兴奋性药物。他的恶习日渐严重,以致对自己失去了控制能力。他不是出现在舞台上,而是更多地出现在监狱里。到了1967年,他每天须吃一百多片药。

一天早晨,当他从佐治亚州的一所监狱刑满出狱时,一位行政司法长官对他说:"约翰尼·卡许,我今天要把你的钱和麻醉药都还给你,因为你比别人更明白你能充分自由地选择自己想干的事。看,这就是你的钱和药片,你现在就把这些药片扔掉吧,否则,你就去麻醉自己,毁灭自己。你选择吧!"

卡许选择了生活。他又一次对自己的能力做了肯定,深信自己能再次成功。他回到纳什维利,并找到他的私人医生。医生不太相信他,认为他很难改掉服麻醉药的坏毛病,医生告诉他:"戒毒瘾比找上帝还难。"他并没有被医生的话吓倒,他知道"上帝"就在他心中,他决心"找到上帝",尽管这在别人看来几乎不可能。他开始了他的第二次奋斗。他把自己锁在卧室闭门不出,一心一意要根绝毒瘾,为此他忍受了巨大的痛苦,经常做噩梦。后来在回忆这段往事时,他说,他总是觉得昏昏沉沉,好像身体里有许多玻璃球在膨胀,突然一声爆响,只觉得全身布满了玻璃碎片。当时摆在他面前的,一边是麻醉药的引诱,另一边是他奋斗目标的召唤，结果后者占了上风。九个星期以后，他恢复到原来的样子了，睡觉不再做噩梦。他努力实现自己的计划，几个月后，他重返舞台，再次引吭高歌。他不停息地奋斗，终于再一次成为超级歌星。

卡许的成功来源于什么？很简单，坚持。

一个人身处困境之中，不自强永远也不会有出头之日，仅仅一时的自强而不能长期坚持，也不会走上成功之路。因此，坚持不懈，才是扭转命运的根本力量。

屡战屡败的死敌是屡败屡战

当塞洛斯·W. 菲尔德从商界引退的时候，他已经积累了大量的财富。而这时他却对在大西洋中铺设海底电缆这一构想产生了极大的兴趣，这样一来欧洲和美洲就能建立电报联系。菲尔德倾其所有来完成这一事业。前期的准备工作包括建造一条从纽约到纽芬兰圣约翰的电话线路，全长1000多英里。这其中有400多英里需要穿过一片原始森林，为此他们不得不在铺设电话线的同时修建一条穿越纽芬兰的道路。这条线路中还有140多英里要通过法国的布列塔尼，建设者们在那儿也投入了大量的人力。与此相同的还有铺设通过圣劳伦斯的电缆。

通过艰苦的努力，菲尔德得到了英国政府对他的公司的援助。但是在国会，他曾经遭到了一个很有影响力的团体的强烈反对，在参议院表决时，菲尔德的方案仅以一票的优势获得通过。英国海军派出了驻塞瓦斯托波尔舰队的旗舰"阿伽门农号"来铺设电缆，而美国则由新建的护卫舰"尼亚加拉号"来承担这一工作。但是由于一次意外，已铺设了 5 英里长的电缆卡在了机器里，被折断了。在第二次实验中，船只驶出 200 英里时，电流突然消失了，人们在甲板上焦急沮丧地来回走动，似乎死期就要来临。正当菲尔德先生要下令切断电缆的时候，电流就像它消失时那样，突然又神奇地恢复了。接下来的一个晚上，电缆以每小时 6 英里的速度延伸，但由于停船过于突然，船只猛烈地倾斜了一下，电缆又被卡断了。

菲尔德不是一个轻言放弃的人。他重新购买了 700 多英里长的电缆，委托一位精通此行的专家设计一套更好的铺设电缆的机器设备。美国和英国的发明家齐心协力地工作，最后决定从大西洋中央开始铺设两段电缆。于是两艘船开始分头工作，一艘往爱尔兰，另一艘驶往纽芬兰，每艘船都各自承担一头的铺设工作。大家希望这样能够把两个大陆连接起来。就在两艘船相距 3 英里时，电缆断了。人们重新连上了电缆，但是当两艘船相距 80 英里时，电流又消失了。电缆再次连上，大约又铺设了 200 英里之后，在距"阿伽门农号" 20 英尺处，不幸又断了，"阿伽门农号"随即返回了爱尔兰海岸。

项目负责人都感到非常沮丧，公众开始怀疑，投资商开始退却。如果不是菲尔德不屈不挠、夜以继日、废寝忘食地工作，说服众人，整个工程项目早就被放弃了。终于开始了第三次尝试，这一次成功了，整条电缆线顺利地铺设完成。几个信号在大西洋上传送了700多里之后，突然电流中断了。

大家都失去了信心，只有菲尔德和他的一两个朋友仍然对此抱有希望。他们继续坚持工作，并且说服了人们继续投资进行试验。一条崭新的更为高级的电缆由"大东部号"负责铺设。"大东部号"慢慢地驶向大西洋，一边前进一边铺设。一切都进行得很顺利，直到距离纽芬兰600英里处，电缆突然折断沉入海底。几次捞起电缆的尝试都失败了，这一项目也因此停顿了将近一年。但是菲尔德并没有被这些困难吓倒，他继续为自己的目标努力。他组建了新公司，并制造了一条当时最为先进的电缆。1866年7月13日，试验开始了，这一次他们成功地向纽约传送了信息，全文如下：

无比满足，7月27日。

我们于早上9点到达，一切顺利。感谢上帝！电缆铺设成功，运行良好。

塞洛斯·W·菲尔德

那条旧的电缆也找到了，重新连接起来，通往纽芬兰。这两条线路现在仍在使用，而且将来也会有用。

屡战屡败的死敌是屡败屡战，只要我们不放弃，任何困难都难不倒我们。可是如果面对困难，我们畏惧了，退缩了，那么我们只能是生活的失败者，而看不到胜利的希望。

冬天里会有绿意，绝境中也会有生机

我们知道，事情的发展往往具有两面性，犹如每一枚硬币总有正反面一样，失败的背后可能是成功，危机的背后也有转机。

1974年，第一次石油危机引发经济衰退时，世界运输业普遍不景气，但当时美国的特德·阿里森家族却收购了一艘邮轮，成立嘉年华邮轮公司，后来这家公司成为世界上最大的超级豪华邮轮公司；世界最大的钢铁集团米塔尔公司，在20世纪90年代末，世界钢铁行业不景气的时候，进行了首次大规模兼并，然后迅速扩张起来。所以说，危机中有商机，挑战中有机遇，艰难的经济发展阶段对企业来说是充满机会的，对企业如此，对个人、对民族、对国家也是如此。

2008年经济危机爆发后，美国很多商业机构和场所顿时萧条了，但酒吧的生意却悄悄地红火起来。原来，精明的酒商们发现美国人开始越来越喜欢喝战前禁酒令时期以及大萧条时期的酒品，比如由白兰地、橘味酒和柠檬汁调制成的赛德卡鸡尾酒。酒商们迅速嗅出了新商机，推出了一款改进的老牌鸡尾酒。美国一个酒业资深人士指出，人们在困难时期，往往会从熟悉的东西那里寻求安慰，老式鸡尾酒自然而然会走俏。这种酒品，不仅让酒商们大赚了一笔，而且还能使疲于应对经济危机的美国人民得到慰藉。

"危中有机，化危为机。"一些中外专家认为，如果危机处置得当，金融风暴也有可能成为个人、企业或国家迅速发展的机遇。所以，冬天里会有绿意，绝境里也会有生机。

危机之下，谁都不希望面临绝境，但绝境意外来临时，我们挡也挡不住，与其怨天尤人，不如奋力一搏，说不定，还会创造一个奇迹。

有人说过这样一句话："瀑布之所以能在绝处创造奇观，是因为它有绝处求生的勇气和智慧。"其实我们每个人都像瀑布一样，在平静的溪谷中流淌时，波澜不惊，看不出蕴含着多大的力量，往往当我们身处绝境时，才能将这种力量开发出来。

下面是一个在绝境里求生存的真实故事：

第二次世界大战期间，有位苏联士兵驾驶一辆苏H正式重型坦克，非常勇猛，一马当先地冲入了德军的心腹重地。这一下虽然把敌军打得抱头鼠窜，但他自己渐渐脱离了大部队。

就在这时，突然轰隆隆一声，他的坦克陷入了德军阵地中的一条防坦克深沟之中，顿时熄了火，动弹不得。

这时，德军纷纷围了上来，大喊着："俄国佬，投降吧！"

刚刚还在战场上咆哮的重型坦克，一下子变成了敌人的瓮中之物。

苏联士兵宁死也不肯投降，但是现实一点儿也不容乐观，他正处于束手待毙的绝境中。

突然，苏军的坦克里传出了"砰砰砰"的几声枪响，接着就是死一般的沉寂。看来苏联士兵在坦克中自杀了。

德军很高兴，就去弄了辆坦克来拉苏军的坦克，想把它拖回自己的堡垒。可是德军这辆坦克吨位太轻，拉不动苏军的庞然大物，于是德军又弄了一辆坦克来拉。

两辆德军坦克拉着苏军坦克出了壕沟。突然，苏军的坦克发动起来，它没有被德军坦克拉走，反而拉走了德军的坦克。

德军惊慌失措，纷纷开枪射向苏军坦克，但子弹打在钢板上，只打出一个个浅浅的坑洼，奈何它不得。那两辆被拖走的德军坦克，因为目标近在咫尺，无法发挥火力，就像被驯服的羔羊，乖乖地被拖到苏军阵地。

原来，苏联士兵并没有自杀，而是在那种绝境中，被逼得想出了一个绝妙的办法。他以静制动，后发制人，让德军坦克将他的坦克拖出深沟，然后凭着自身强劲的马力，反而俘获了两辆德军坦克。

其实，每个人皆是如此，虽然我们的生活并不会时时面临枪林弹雨，但总有身处绝境的时候，每当此时，我们往往会产生爆发力，而正是这种爆发力将我们的力量激发出来了。所以，面临绝境的时候，不要灰心、不要气馁，更不要坐以待毙，勇往直前，无所畏惧，你我都可以"杀出一条血路"。

成功的秘诀在于不放弃

　　威尔玛·鲁道夫从小就"与众不同",她在家中22个孩子中排行20。她出生时因早产而险些丧命。6岁时她患了肺炎和猩红热,后来又患了小儿麻痹症,由于左腿不能正常使用,她只能穿着固定腿的金属绷带。童年时候的她不要说像其他孩子那样欢快地跳跃奔跑,就连正常走路都做不到。寸步难行的她非常悲观忧郁。随着年龄的增长,她的忧郁和自卑感越来越重,甚至,她拒绝所有人的靠近。但也有例外,邻居家的残疾老人是她的好伙伴。老人在一场战争中失去了一只胳膊,但他非常乐观,她也喜欢听老人讲故事。

　　有一天,威尔玛被老人用轮椅推着去附近的一所幼儿园,操场上孩子们动听的歌声吸引了他俩。当一首歌唱完,老人说道:"让我们为他们鼓掌吧!"她吃惊地看着老人,问道:"你只有一只胳膊,怎么鼓掌啊?"老人对她笑了笑,解开衬衣扣子,露出胸膛,用手掌拍起了胸膛……

　　那是一个初春的早晨,风中还有几分寒意,但她却突然感觉自己的身体里涌起一股暖流。老人对她笑了笑,说道:"只要努力,一个巴掌也可以拍响。你一定能站起来的!"那天晚上,威尔玛·鲁道夫让父亲写了一张纸条贴在墙上:"一个巴掌也能拍响!"

　　从那之后,她开始配合医生做运动。无论多么艰难和痛苦,她都咬牙坚持着。有一点进步了，她又以更大的决心，来争取更大进步。甚至父母不在家时，她自己扔开支架，试着走路……蜕变的痛苦牵扯到筋骨，但她坚持着，相信自己能够像其他孩子一样行走、奔跑！

很快她的付出有了回报，到她九岁的时候，她不再需要金属护腿绷带。威尔玛很高兴，因为她能够跑步，并能像其他孩子那样玩耍了。她的哥哥在后院竖立起一个篮球筐，自那以后，她每天玩篮球。她终于扔掉支架，开始向另一个更高的目标努力着：锻炼打篮球和参加田径运动。无论严寒酷暑，她都始终坚持着，从不气馁，从不放弃。

人生难免遭遇不幸，面对不幸，只有用积极、乐观的心态去面对，才可能扭转人生命运。如果你还在为不幸的遭遇自怨自艾的话，那你的人生将不会有任何前途。

威尔玛·鲁道夫没有被病魔打倒，她选择了勇敢的反击，并且通过努力战胜了困难。在她16岁仍在上中学的时候，她已经成为一名非常优秀的田径运动员，她代表美国参加了1956年在澳大利亚墨尔本举行的奥运会，她是美国代表队中最年轻的选手，在 4×100 米接力比赛中获得了一枚铜牌。

1960年，罗马奥运会女子100米决赛，当她以11秒18第一个撞线后，掌声雷动，人们都站起来为她喝彩，齐声欢呼着她的名字："威尔玛·鲁道夫！威尔玛·鲁道夫！"那一届奥运会上，威尔玛·鲁道夫成为当时世界上跑得最快的女人，她共摘取了三枚金牌，也是第一个黑人奥运女子百米冠军。

　　"人可以被消灭，但不能被打败！"在人生旅途中，通往理想的道路上总会遇到大大小小的困难和挫折，埋怨、消沉、哀叹命运都无济于事。面对挫折，要有宽阔的胸襟、无畏的勇气。要记住，挫折是通向理想的阶梯。只要你有走出的愿望，就没有走不出的人生低谷。我们需要不断地自我激励，不能因为一时的挫折就把自己的一生永远困在逆境的泥淖中。人的可贵之处在于，无论跌倒多少次，都能从失败的废墟上站起来，人生也因此而显得绚丽多彩。

在难搞的日子笑出声来

乐观的心态给恶性循环刹车

作家焦桐说:"生命不宜有太多的阴影、太多的压抑,最好能常常邀请阳光进来,偶尔也释放真性情。"一个阳光的人,总是能够在生活中自由自在地挥洒,勇于选择并承担生活的责任,不受尘世的约束却又深情细致;在任性与认真之间,不管是守着边缘还是主流的位置,他都能在漂泊移动的生活中体悟人生。

真正的智者,总是会站在有光的地方。太阳很亮的时候,生命就在阳光下奔跑。当太阳落下,还会有那一轮高挂的明月。当月亮落下了,还有满天闪烁的星星,如果星星也落下了,那就为自己点一盏心灯吧。无论何时,只要乐观的心态还在,我们就能给生活中的恶性循环刹车。

紫霄的父母重男轻女,对女儿非常刻薄。母亲甚至会对她说:"我看见你就来气,你给我滚,又有河又有老鼠药又有绳子,有志气你就去死。"13岁的小姑娘没有哭，在她幼小的心灵里，萌生了强烈的愿望——她一定要活下去，并且还要活出一个人样来！

　　被母亲赶出家门，好心的奶奶用两条万字糕和一把眼泪，把她送到一片净土——尼姑庵。紫霄满怀感激地送别奶奶后，心里波翻浪涌，难道我的生命就只能耗在这没有生气的尼姑庵吗？在尼姑庵，法名"静月"的紫霄得了胃病，但她从不叫痛，甚至在她不愿去化缘而被老尼姑惩罚时，她也不皱眉不哭。叛逆的个性正在潜滋暗长。在一个淅淅沥沥的清晨，她揣上奶奶用鸡蛋换来的干粮和卖棺材得来的路费，踏上了西去的列车。几天后，她到了新疆，见到了久违的表哥和姑妈。在新疆，她重返课堂，度过了幸福的半年时光。在姑妈的建议下，她回安徽老家办户口迁移手续。回到老家，她发现再也回不了新疆了，父母要她顶替父亲去厂里上班。

　　她拿起了电焊枪，那年她才15岁。她没有向命运低头，因为她的心中还有梦。紫霄业余苦读，通过了《写作》《现代汉语》和《文学概论》自学考试。第二年参加高考，她考取了安徽省中医学院。但是因为家庭的缘故，她根本无法实现大学梦。她并没有气馁，开始默默地用笔书写自己的苦难。

　　1988年底，紫霄的第一篇习作被《巢湖报》采用了，她看到了生命的一线曙光，她决定要用缪斯的笔来拯救自己。多少个不眠之夜，她用稚拙的笔饱蘸浓情，抒写自己的苦难与不幸，倾诉自己的顽强与奋争。多篇作品飞了出去，耕耘换来了收获，那些心血凝聚的稿件多数被采用，还获了各种奖项。1989年，她抱着自己的作品叩开了安徽省作协的门，成了其中的一员。

文学是神圣的，写作是清贫的。紫霄勇敢地放弃了从父母手里接过的"铁饭碗"，开始了艰难的求学路。她到了北京，在鲁迅文学院进修。迫于生计，生性腼腆的她当起了报童。骄阳似火，地面晒得冒烟，紫霄挥汗如雨，怯生生地叫卖。在一次过街时，飞驰而过的自行车把她撞倒了。看着肿起馒头大小的脚踝，紫霄的第一个反应是这报卖不成了。她没有丧失信心，只休息了几天，又一次开始了半工半读的生活。自助者天助，勤奋顽强的紫霄终于得到命运之神的垂怜，在文学这条路上，她结识了莫言、肖亦农、刘震云、宏甲等作家，有幸亲聆教诲，这让她感到莫大的满足。

为了节省开支，紫霄住在空军招待所的一间堆放杂物的仓库里。晚上，这里就成了她的"工作室"，她的灯常常亮到黎明。星期天，她包揽了招待所上百条被褥的浆洗活。她的脸上和手上有了和年龄不相称的裂口，但紫霄始终没有向苦难屈服。

凭借着自己的勤奋和顽强，紫霄慢慢地改写着自己的命运。她后来的经历要比先前的"顺利"得多。

"一个人最大的危险是迷失自己，特别是在苦难接踵而至的时候……命运的天空被涂上一层阴霾的乌云，她始终高昂那颗不愿低下的头。因为她胸中有灯，它点燃了所有的黑暗。"一篇采访紫霄的专访在题词中写了这样的话,在紫霄心中,那盏灯就是自己永远也未曾放弃过的希望。不得不承认,她是一个坚强的女子,是一个不向困难俯首称臣的不屈的奇女子,她把困难视作生命的必修课,而她最终得了满分。

在人生中,我们每一个人都会遇到困难,遇到挫折,当世界都处于黑暗时,我们不妨像紫霄那样,给自己点亮一盏心灯,照亮自己的人生路。

快乐是成功的关键

在通常情况下,人们以为成功会使人感到更快乐,但经过科学家的研究,发现这一说法倒过来说更恰当,即快乐的人更容易取得成功,也就是说,快乐才是促使人取得成功的关键因素。

科学研究人员针对28万人就"积极进取、不断成功及获得快乐之间的关系"进行了调查与分析。结果发现,一个快乐的人更愿意树立并努力实现一个个崭新的目标,在不断取得成功之后,他们的乐观情绪也会进一步增强。

加州大学尔湾分校索尼娅·柳博米尔斯基博士通过研究进一步证明了这个观点:在社会的许多领域中,那些长期拥有快乐感的人要比快乐感较低的人更容易走向成功。

柳博米尔斯基博士说:"快乐的人更快成功,很重要的一方面是他们较之不快乐的人更加容易建立良好的人际关系。因为快乐的人往往怀着积极的心态,当一个人积极向上时,他会更容易感觉乐观、自信、充满活力,因为情绪是相互传染的,他周围的人也能在他身上看到自信,从而觉得他友善可爱、令人愉快。快乐的人于是从中受益匪浅。"

为了进一步证明自己的结论,索尼娅·柳博米尔斯基博士共分析了三种类型的研究数据——横向比较、纵向比较和设计实验,以此来确定快乐、进取与成功之间的因果关系。横向比较是通过选取不同领域的人回答特定问题来得出结果;纵向研究是选取一个时间段来分析被调查人群的行为,从而得出比较可靠的结论;设计实验则是通过设定不同条件,从而获取不同的结果。

结果,这三种类型的研究结果都表明:快乐的确会对人的行为产生积极的促进作用,让人在工作、人际关系等方面获得更快更多成功,不仅如此,快乐也能让一个人的健康状况保持良好。

快乐的人无论是在工作中还是生活中,在遭遇挫折的时候,他们首先都会先往好处想,也就是说,他们无论在什么时候,都能保持着乐观的情绪,这更有利于他们去积极地解决问题,从而更容易让自己走向成功。

我们来假定这样一个情景:

一个人在银行不幸遇到了劫匪,更大的不幸是,劫匪竟开了一枪,这一枪正好打在这个人的胳膊上。现在,我们设定 -2、-1、0、+1、+2、这五个数字分别对应从"非常不幸"到"非常幸运"的五个等级。我们来看一下乐观的人和悲观的人的反应。悲观的人给此事的分数大都是－2，略微轻一点的或许是－1，因为这件事情，在他们看来实在是太倒霉了。而一些乐观的人会为此事打＋2分，因为他们觉得："子弹本来是可能打死我的，但只是打伤了我的胳膊，我此时还活着，说不定警察一会儿就来了，我还能看着这些劫匪落网。""真是万幸，还好，子弹没打到我的头，没准儿我还可以把这件事写成稿子，赚稿费呢！"

看吧，当遇到坏事的时候，一个惯性快乐的人总能想到积极的一面。挫折、霉运在他们的生活里，似乎都变成了一种机会，让他们可以获得更多的成功，更好的生活。

人人都想成为一个快乐的人，那么，我们在生活中该怎样做，才能让快乐永远留在自己的身边呢？大家不妨借鉴以下几条经验：

不能丢掉希望与梦想，这是前进的原动力。

时常保持乐观开朗的心态，并帮助身边需要帮助的人。

不抱怨挫折或者生活中的不公，抱怨会增加自己的负面情绪。

向你曾经伤害过的人道歉，这有助于你摆脱消极心态。

信任你身边的朋友和同事，不要忘记感谢曾经帮过你的人。

无论如何都保持微笑，用笑容去应对生活。

情绪低落时不妨假装一下快乐

很多人都有这样的体会：当我们在做一些有兴趣也很令人兴奋的事情时，很少会感到疲劳。因此，克服疲劳和烦闷的一个重要方法就是假装自己已经很快乐。如果你"假装"对工作有兴趣，一点点假装就可以使你的兴趣成真，也可以减少你的疲劳、紧张和忧虑。

有一天晚上，艾丽丝回到家里，觉得精疲力竭，一副疲倦不堪的样子。她也的确感到非常疲劳，头痛，背也痛，疲倦得不想吃饭就要上床睡觉。她的母亲再三地劝她……她才坐在饭桌上。电话铃响了，是她的男朋友打来的，请她出去跳舞，她的眼睛亮了起来，精神也来了，她冲上楼，穿上她那件天蓝色的洋装，一直跳舞到凌晨3点钟。最后等她回到家里的时候，却一点儿也不疲倦，事实上还兴奋得睡不着觉呢。

在8个小时以前，艾丽丝的表情和动作，看起来精疲力竭，她是否真的那么疲劳呢？的确，她之所以觉得疲劳是因为她觉得工作使她很烦，甚至对生活她都觉得很烦。

世界上不知道有多少像艾丽丝这样的人，你也许就是其中之一。

一个人由于心理因素的影响，通常比肉体劳动更容易觉得疲劳。约瑟夫·巴马克博士曾在《心理学学报》上发表过一篇论文，谈到他的一些实验，证明了烦闷会产生疲劳。巴马克博士让一大群学生做了一连串的实验,他知道,这些实验都是他们没有什么兴趣的。其结果呢?所有的学生都觉得很疲倦、打瞌睡、头痛、眼睛疲劳、很容易发脾气,甚至还有几个人觉得胃很不舒服。所有这些是否都是"想象来的"呢?

不是的,这些学生做过新陈代谢的实验。由试验的结果发现,一个人感觉烦闷的时候,他身体的血压和氧化作用,实际上会减低。而一旦这个人觉得他的工作有趣的时候,整个新陈代谢就会立刻加速。

心理学家布勒认为,造成一个人有疲劳感的主要原因是心理上的烦恼。

美国明尼那不勒斯农工储蓄银行的总裁金曼先生对此深有体会。在1943年的7月,加拿大政府要求加拿大阿尔卑斯登山俱乐部协助威尔斯军团做登山训练,金曼先生就是被选来训练这些士兵的教练之一。他和其他的教练——那些人从42岁到59岁不等——带着那些年轻的士兵,长途跋涉过很多冰河和雪地,还用绳索和一些很小的登山设备爬上40英尺高的悬崖。他们在美国洛杉矶的小月河山谷里爬上百米高峰、副总统峰和很多其他没有名字的山峰,经过15个小时的登山活动之后,那些非常健壮的年轻人,都精疲力竭了。

他们感到疲劳,是否因为他们军事训练时,肌肉没有训练得很结实呢?任何一个接受过严格军事训练的人对这种荒谬的问题都一定会嗤之以鼻。不是的,他们之所以会这样精疲力竭,是因为他们对登山这项运动觉得很烦。他们中很多人疲倦得不等到吃过晚饭就睡着了。可是那些教练——那些年岁比士兵要大两三倍的人——是否疲倦呢？不错，他们没有精疲力竭。那些教练吃过晚饭后，还坐在那里聊了几个钟头，谈他们这一天的事情。他们之所以不会疲倦到精疲力竭，是因为他们对这件事情感兴趣。

耶鲁大学的杜拉克博士在主持一些有关疲劳的实验时，用那些年轻人经常保持感兴趣的方法，使他们维持清醒多达一星期之久。在经过很多次的调查之后，杜拉克博士表示，"工作效能减低的唯一真正原因就是烦闷"。

经常保持内心愉悦是抵抗疲劳和忧虑的最佳良方。在这里，请记住布勒博士的话："保持轻松的心态，我们的疲劳通常不是由于工作，而是由于忧虑、紧张和不快。"如果你此刻不快乐，会导致身体更加疲劳，情绪也就更加低落，因此，此时不妨假装一下自己是快乐的，当你的心理产生快乐的愿望时，身体也会跟着调整到快乐时的状态，从而形成良性循环。不信你就试试。

没有绝望，堵死路的是我们自己

生活中，任何时候我们都不要绝望：折断了风帆，岸还在；我们失败了，但是我们的生命还在。只要生命在，只要活着，一切都有可能。

有一个富翁，在一次大生意中亏光了所有的钱，并且欠下了债，他卖掉房子、汽车，还清了债务。

此刻，他孤独一人，无儿无女，穷困潦倒，唯有一只心爱的猎狗和一本书陪伴着他。在一个大雪纷飞的夜晚，他来到一座荒僻的村庄，找到一个避风的茅棚。他隐约看到里面有一盏油灯，于是用身上仅存的一根火柴点燃了油灯，拿出书来准备读书。但是一阵风忽然把灯吹灭了，四周立刻漆黑一片。这位孤独的老人陷入了黑暗之中，对人生感到绝望，他甚至想到了结束自己的生命。但是，立在身边的猎狗给了他一丝慰藉，他无奈地叹了一口气沉沉睡去。

第二天醒来，他发现心爱的猎狗被人杀死在门外。抚摸着这只相依为命的猎狗，他决定要结束自己的生命，世间再没有什么值得留恋的了。于是，他最后扫视了一眼周围的一切。这时，他发现整个村庄都沉寂在一片可怕的寂静之中。他不由得急步向前，啊，太可怕了，尸体，到处是尸体，一片狼藉。显然，这个村庄昨夜遭到了匪徒的洗劫，连一个活口也没留下来。

看到这可怕的场面，老人不由得心念急转，啊！我是这里唯一幸存的人，我一定要坚强地活下去。此时，一轮红日冉冉升起，照得四周一片光亮，老人欣慰地想，我是这里唯一的幸存者，我没有理由不珍惜自己。虽然我失去了心爱的猎狗，但是，我得到了生命，这才是人生最宝贵的。

老人怀着坚定的信念，迎着灿烂的太阳又出发了。

人生总有失败和失意的时候，因为一时的失意就把自己逼上绝路，那么，我们就再也没有成功的机会。事实上，如果我们能在失意甚至绝望的状态下赶走悲伤，那我们将来的人生可能就是柳暗花明又一村。

哈佛大学戴维·克拉克教授曾经说过："当人的生命中充满了希望，当人生已经被阳光铺洒，生命之旅就会变成光明的路径，再也没有什么能让你自己感到害怕的了。"每当有学生遇到困难而退缩的时候，克拉克教授就鼓励他们：只要生命在，希望就在，永远都不要放弃希望。

在我们日常的生活和学习中，如果遇到失意或悲伤的事情时，我们一样要学会调整自己的心态。如果你的演讲、你的考试和你的愿望没有获得成功；如果你曾经尴尬；如果你曾经失足；如果你被训斥和谩骂，请不要耿耿于怀。对这些事念念不忘，不但于事无补，还会占据你的快乐时光。抛弃它吧！把它们彻底赶出你的心灵。如果你曾经因为鲁莽而犯过错误；如果你被人咒骂；如果你的声誉遭到了毁坏，不要以为你永远得不到清白，勇敢地走出失败的阴影！

走出阴影，沐浴在明媚的阳光中。不管过去的一切多么痛苦，多么顽固，把它们抛到九霄云外。不要让担忧、恐惧、焦虑和遗憾消耗你的精力。把你的精力投入到未来的创造中去吧！

让那担忧和焦虑、沉重和自私远离你；更要避免与愚蠢、虚假、错误、虚荣和肤浅为伍；还要勇敢地抵制使你失败的恶习和使你堕落的念头。之后你会发现,你人生的旅途是多么轻松、自由,你是多么自信!

要主宰自己,做自己的主人。沮丧的面容、苦闷的表情、恐惧的思想和焦虑的态度是你缺乏自制力的表现,是你不能控制环境的表现。它们是你的敌人,要把它们抛到九霄云外。

请记住:即使再难,也不要对生命绝望,没有人会把你逼上绝路,堵死路的其实只有你自己。

你有足够的能量去应付困难

挑战自己，发挥你的超能量

在1968年的墨西哥奥运会上，美国选手吉·海因斯以9.95秒的成绩打破了男子百米赛跑的世界纪录。当时的摄像镜头记录，他在撞线后回头看了一眼记分牌，然后摊开双手说了一句话。这一情景后来通过电视网络，至少被好几亿人看到，但由于当时他身边没有话筒，海因斯到底说了句什么话，谁都不知道。

1984年，洛杉矶奥运会前夕，一位叫戴维·帕尔的记者在办公室回放奥运会的资料片。当再次看到海因斯的镜头时，他想，这是历史上第一次有人在百米赛道上突破10秒大关，海因斯在看到纪录的那一瞬，一定替上帝给人类传达了一句不同凡响的话。这一新闻点，竟被400多名记者给漏掉了（在墨西哥奥运会上，到会记者431名），这实在是太遗憾了。于是他决定去采访海因斯，问他当时到底说了句什么话。

凭借做体育记者的优势,他很快找到了海因斯,但是提起16年前的事时,海因斯一头雾水,他甚至否认当时说过话。戴维·帕尔说:"你确实说话了,有录像带为证。"海因斯打开帕尔带去的录像带,笑了,说:"难道你没听见吗?我说,上帝啊!那扇门原来虚掩着。"谜底揭开后,戴维·帕尔接着对海因斯进行了采访。针对那句话,海因斯说:"自欧文斯创造了10.3秒的成绩之后,医学界断言,人类的肌肉纤维所承载的运动极限不会超过每秒10米。看到自己9.95秒的纪录后,我惊呆了,原来10秒这个门不是紧锁着的,它虚掩着,就像终点那根横着的绳子。"

"上帝啊!那扇门原来虚掩着。"海因斯的这句话给世人留下了太大的震撼。它启迪我们,在这个世界上,只要你真实地付出,就会发现许多门都是虚掩着的。

成功学大师拿破仑·希尔有一句名言:"一个人一生中唯一的限制就是他内心的那个限制。"所谓的极限,人当它有,它才有。很多时候,困难和阻力被我们在心中放大了,好像一块拦路石横在我们通向成功的路上。其实,很多门都虚掩着,只要伸出手就能推开。一个人只有先突破了自己内心的限制,才能够达到自己人生的最高峰。

在身处绝境的时候,人们往往会超常发挥。人没有退路,就会爆发出自己也想象不到的一种力量,这便是所谓的潜能。如果我们总是对现有的东西不忍放弃,对舒适安稳的生活恋恋不舍,就不会有机会突破自我。

一个人要想让自己的人生有所转机，就必须懂得在关键时刻把自己带到人生的悬崖。给自己一个悬崖，其实就是给自己一片蔚蓝的天空。

一位音乐系的学生走进练习室，在钢琴上，摆着一份全新的乐谱。

"超高难度……"他翻着乐谱，喃喃自语，感觉自己对弹奏钢琴的信心似乎跌到谷底。已经3个月了！自从跟了这位新的指导教授之后，不知道为什么教授要以这种方式整人。他勉强打起精神，开始用自己的十指奋战、奋战、奋战……琴音盖住了教室外面教授走来的脚步声。

指导教授是个非常有名的音乐大师。授课的第一天，他给自己的新学生一份乐谱。"试试看吧！"他说。乐谱的难度颇高，学生弹得生涩僵滞、错误百出。"还不熟练，回去好好练习！"教授在下课时，如此叮嘱学生。

学生练习了一个星期，第二周上课时正准备让教授验收，没想到教授又给他一份难度更高的乐谱。"试试看吧！"上星期的课教授也没提。学生接受了更高难度的技巧挑战。

第三周，更难的乐谱又出现了。同样的情形持续着，学生每次在课堂上都被一份新的乐谱所困扰，然后把它带回去练习，接着再回到课堂上，重新面临更高难度的乐谱，却怎么样都追不上进度，一点也没有因为上周练习而有驾轻就熟的感觉。学生感到越来越不安，越来越沮丧和气馁。

教授走进练习室。学生再也忍不住了。他必须向钢琴教授提出，这三个月来何以不断折磨自己。

教授没开口，他抽出最早的那份乐谱，交给了学生。"弹奏吧！"他以坚定的目光望着学生。

不可思议的事情发生了，连学生自己都惊讶万分，他居然可以将这首曲子弹奏得如此美妙、如此精湛！教授又让学生试了第二堂课的乐谱，学生依然呈现出超高水准的表现……演奏结束后，学生怔怔地望着教授，说不出话来。

"如果，我任由你表现最擅长的部分，可能你还在练习最早的那份乐谱，就不会有现在这样的程度……"钢琴大师缓缓地说。

挑战自己，是对自身能量的一种激发。人往往习惯于表现自己所熟悉、所擅长的部分。但如果你愿意回首就会恍然大悟：从前看似紧锣密鼓的工作挑战、永无休止的环境压力，却在不知不觉间练就了今日的高超技艺。其实，每个人体内都蕴藏着不为己知的能量，这需要我们用心开采之后，才能为己所用。

激发潜意识的力量

每个人都有潜在的力量，然而大部分人并没有认识到这一点。其实，当我们获得生命的那一刻，上帝便在每个人的心中埋下一颗拥有无比能量的种子——潜能。只是潜能埋藏得太深以至于被我们遗忘。潜意识有消极、积极之分,消极的暗示带来失败的人生,积极的暗示为我们赢得光明的未来。

世界上有无数庸庸碌碌的人,在这些人的体内同样有着巨大的潜能,他们只要能够激发体内的一小部分潜能,就可以成就自己的事业。

派蒂·威尔森在年幼时就被诊断出患有癫痫。她的父亲吉姆·威尔森习惯每天晨跑,有一天,派蒂兴致勃勃地对父亲说:"爸爸,我想每天跟你一起慢跑,但我担心中途会病情发作。"她父亲回答说:"万一你发作,我也知道如何处理。我们明天就开始跑吧。"

于是,十几岁的派蒂就这样与跑步结下了不解之缘。和父亲一起晨跑是她一天之中最快乐的时光,跑步期间,派蒂的病一次也没发作。

几个星期之后,她向父亲表示了自己的心愿:"爸爸,我想打破女子长距离跑步的世界纪录。"她父亲替她查吉尼斯世界纪录,发现女子长距离跑步的最高纪录是80英里。

当时,读高一的派蒂为自己订立了一个长远的目标:"今年我要从橘县跑到旧金山(400英里);高二时,要到达俄勒冈州的波特兰(1500多英里);高三时的目标到圣路易市(约2000英里);高四则要向白宫前进(约3000英里)。"

虽然派蒂的身体状况不是很好,但她仍然满怀热情与理想。对她而言,癫痫只是偶尔给她带来不便的小毛病。她从不因此消极畏缩,相反,她更珍惜自己已经拥有的。

高一时,派蒂穿着上面写着"我爱癫痫"的衬衫,一路跑到了旧金山。她父亲陪她跑完了全程,做护士的母亲则开着旅行拖车尾随其后,照料父女两人。

高二时,她身后的支持者换成了班上的同学。他们拿着巨幅的海报为她加油打气,海报上写着:"派蒂,跑啊!"但在这段前往波特兰的路上,她扭伤了脚踝。医生劝告她立刻中止跑步:"你的脚踝必须上石膏,否则会造成永久的伤害。"

她回答道:"医生,你不了解,跑步不是我一时的兴趣,而是我一辈子的至爱。我跑步不单是为了自己,同时也是要向所有人证明,身有残缺的人照样能跑马拉松。有什么方法能让我跑完这段路?"

医生表示可用黏合剂先将受损处接合,而不用上石膏。但他警告说,这样会起水泡,到时会疼痛难耐。派蒂二话没说便点头答应。

派蒂终于来到波特兰,俄勒冈州州长还陪她跑完最后一英里。一面写着红字的横幅早在终点等着她:"超级长跑女将,派蒂·威尔森在17岁生日这天创造了辉煌的纪录。"高中的最后一年,派蒂花了4个月的时间,由西岸长征到东岸,最后抵达华盛顿,并接受总统召见。她告诉总统:"我想让其他人知道,癫痫患者与一般人无异,也能过正常的生活。"

每个人都需要培养积极的自我意识。没有谁会帮你一辈子,将自己像菟丝花一样缠绕在别人的身上，终将一事无成，甚至面临绝境。要知道，只有自己才是自己的救世主，只要自己不放弃自己，就没有什么可以阻止理想的实现，困难不可以，病痛同样不可以。因为只要你做好了必要的准备，你的潜能就会充分发挥出来。

每个人手里都握有钻石宝藏，这里的钻石宝藏就是自身的潜力和能力。这些"钻石"足以使我们的理想变成现实。只要我们不懈地挖掘自己的钻石宝藏，积极地运用自己的潜能，我们就能够做好你想做的一切，我们就能够成为自己生活的主宰。既然有幸在这个世上走一遭，那么，我们就应该倍加珍惜这次弥足珍贵的机会，就应该殚精竭虑使自己的一生具有真正的意义，使自己的生活丰富多彩，有滋有味，而回首走过的人生之路时感到欣慰无怨无悔，为自己没有虚度年华而得意自安。要达到这个目标，最为主要的是正确的人生观和良好的心态。此言不虚。

自我暗示的巨大力量

自我暗示指通过主观想象某种特殊的人与事物的存在来进行自我刺激，达到改变行为和主观经验的目的。自我暗示相当于一个人内心的"自我谈话"，代表一个人对自己的看法，是行动的基础。

自我暗示可以分为积极和消极的自我暗示。积极的自我暗示就是在内心里认为自己能够成功、正在进步,并且会愈来愈好。学会这种积极的自我暗示对于激发人的潜能和活力具有巨大的力量。哈佛大学的毕业生、美国著名学者爱默生有一句被世人传诵的名言:"你,正如你所思。"

下面这个故事能很好地诠释这句话的意思。

有一天,著名的成功学专家安东尼·罗宾在自己的办公室里接待了一个走投无路、风尘仆仆的流浪者。

那人进门打招呼说:"我来这儿,是想见见这本书的作者。"说着,他从口袋中拿出一本名为《自信心》的书,那是安东尼许多年前写的。

安东尼微笑着示意流浪者坐下。流浪者激动地说:"一定是命运之神在昨天下午把这本书放入我口袋中的,因为我当时决定跳到密歇根湖了此残生。我已经对生活绝望了,所有的人已经抛弃了我。但还好,我看到了这本书,使我产生了新的想法,它为我带来了勇气及希望,并支持我度过昨天晚上。我已下定决心,只要我能见到这本书的作者,他一定能帮助我再度站起来。现在,我来了,你能帮到我吗?"

在他说话的时候,安东尼从头到脚打量了流浪者许久,发现他眼神茫然、满脸皱纹、神态紧张,一切都在向安东尼显示,他已经无可救药了。但安东尼不忍心对他这样说。

听完流浪者的故事,安东尼想了想,说:"虽然我没有办法帮助你,但如果你愿意的话,我可以介绍你去见本大楼的一个人,他可以帮助你东山再起，重新赢回原本属于你的一切。"安东尼刚说完，流浪者立刻跳了起来，抓住他的手，说道："看在老天爷的分儿上，请带我去见这个人！"

他会为了"老天爷的分儿上"而做此要求，显示他心中仍然存在着一丝希望。所以，安东尼拉着他的手，引导他来到从事个性分析的心理试验室里，和他一起站在一块看来像是挂在门口的窗帘布之前。安东尼把窗帘布拉开，露出一面高大的镜子，流浪者可以从镜子里看到自己的全身。安东尼指着镜子说："就是这个人。在这个世界上，只有一个人能够使你东山再起，除非你坐下来，重新、彻底地认识这个人。否则，你只能跳进密歇根湖里，因为在你对这个人做充分认识之前，对于你自己或这个世界来说，你都将是一个没有任何价值的废物。"

流浪者朝着镜子走了几步，用手摸摸他长满胡须的脸孔，对着镜子里的人从头到脚打量了几分钟，然后后退几步，低下头，开始哭泣起来。过了一会儿，安东尼领他走出电梯间，送他离去。

几天后，安东尼在街上碰到了这个人，而他已不再是一个流浪汉形象。他西装革履，步伐轻快有力，头抬得高高的，原来那种不安、紧张的神态已经消失不见。他说他感谢安东尼先生，是安东尼先生让他找回了自己，且很快找到了工作。

后来，那个人真的东山再起，成为芝加哥的富翁。

有人在研究当代世界名人成长经历后发现，这些名人对自我都有一种积极的认识和评价,从而产生一种相当的自信。这种自信是在客观认清自己的现状之后仍保持的一种昂扬斗志,是成功者必须依赖的精神潜能。其实,人与人之间本来只有很小的差异,但这很小的差异却往往造成了巨大的不同!巨大的差异就是一个人是成功、幸福还是平庸、不幸,而原本很小的差异就是凡事所采取的不同的心理暗示。所以说,转变意识、发展积极心态,就要从心理上的自我暗示做起。一个人只要相信自己,就一定能充分激发出自己的潜能,就可以创造奇迹。

积极心理暗示的魔力

　　1960年,哈佛大学的罗森塔尔博士曾在加州一所学校做过一个著名的实验。

　　新学期,校长对两位教师说:"根据过去三四年来的教学表现,你们是本校最好的教师。为了奖励你们,今年学校特地挑选了一些最聪明的学生给你们教。记住,这些学生的智商比同龄的孩子都要高。"校长再三叮咛:要像平常一样教他们,不要让孩子或家长知道他们是被特意挑选出来的。

　　这两位教师非常高兴,更加努力教学了。

　　我们来看一下结果:一年之后,这两个班级的学生成绩是全校中最优秀的。知道结果后,校长如实地告诉这两位教师真相:他们所教的这些学生智商并不比别的学生高。这两位教师哪里会料到事情是这样的，只得庆幸是自己教得好了。

随后，校长又告诉他们另一个真相：他们两个也不是本校最好的教师，而是在教师中随机抽出来的。

这两位教师相信自己是全校最好的老师，相信他们的学生是全校最好的学生，这种积极的心理暗示，才使教师和学生都产生了一种努力改变自我、完善自我的进步动力。这种企盼将美好的愿望变成现实的心理，就是心理暗示。

心理暗示是我们日常生活中最常见的心理现象，它是人或环境以非常自然的方式向个体发出信息，个体无意中接收这种信息，从而做出相应的反应的一种心理现象。暗示有着不可抗拒和不可思议的巨大力量。

成功心理、积极心态的核心就是自信主动意识，或者称作积极的自我意识，而自信意识的来源和成果就是经常在心理上进行积极的自我暗示。反之也一样，消极心态、自卑意识，就是经常在心理上暗示，而不同的心理暗示也是形成不同的意识与心态的根源。所以说心态决定命运，正是以心理暗示决定行为这个事实为依据的。

心理暗示这个法宝有积极的一面和消极的一面，不同的心理暗示必然会有不同的选择与行为，而不同的选择与行为必然会有不同的结果。有人曾说："一切的成就，一切的财富，都始于一个意念。"你习惯于在心理上进行什么样的自我暗示，就是你贫与富、成与败的根本原因。两种截然不同的心理上的自我暗示，关键就在于你选择哪一面，经常使用哪一面了。

每个人都应该给自己以积极的心理暗示。任何时候，都别忘记对自己说一声："我天生就是奇迹。"本着上天所赐予我们的最伟大的馈赠，积极暗示自己，你便开始了成功的旅程。拿破仑·希尔给我们提供了一个自我暗示公式，他提醒渴望成功的人们，要不断地对自己说："在每一天，在我的生命里面，我都有进步。"暗示是在无对抗的情况下，通过议论、行动、表情、服饰或环境气氛，对人的心理和行为产生影响，使其接受有暗示作用的观点、意见或按暗示的方向去行动。

积极的自我暗示，能让我们开始用一些更积极的思想和概念来替代我们过去陈旧的、否定性的思维模式，这是一种强有力的技巧，一种能在短时间内改变我们对生活的态度和期望的技巧。

也就是说，我们可以通过有意识的自我暗示，将有益于成功的积极思想和感觉，撒到潜意识的土壤里，并在成功过程中减少因考虑不周和疏忽大意等招致的破坏性后果，全力拼搏，不达目的不罢休。所以，你通过想象不断地进行积极的自我暗示，很可能会成为一个杰出者。

第三章
DISANZHANG

逆境心理转换:
当世界无法改变时,就改变自己

心态的惊人力量

在不如意中保持阳光心态

在这个世界上,有多少事情是我们可以预料和控制的?我们无法预知未来,所以我们苦恼着;我们无法控制事情的发展,所以我们烦躁着;我们无法获得更多,所以我们抑郁着……有太多人,像哭着要糖的小孩,不在意自己手中握着的是什么,只是一味索取,然后失望了、不满了,心也失衡了……

这个世界太浮躁,有太多的诱惑,我们常常连自己的心也把持不住,在物欲横流的世界里迷失了方向,越走越远。停下脚步,静下心,想想最初的最初,我们所向往的那份简单的快乐吧!人生除了做加法,其实也是可以做减法的。我们虽然无法预知未来,但可以把握当下;虽然无法控制事情的发展,但可以尽力而为;虽然无法获得更多,但我们拥有的也不少。只要活着,便是莫大的幸福,所以放开点,别太跟自己过不去了。

没有十全十美的人，更没有完美无缺的人生。无论我们自身还是生活，都是由一个个或大或小的缺憾串联而成的。生活如歌，虽不会慷慨激昂精彩绝伦，但也五音俱全婉转悠扬；生活如茶，虽不如咖啡醇香，但也清幽不断唇齿留香。

所以，别飘飘欲仙，因为再鲜艳的花朵也终有凋零的时候；别心灰意懒，因为再苦的磨难与失败也有结束的时候；别目空一切，因为再顺畅的境遇也会有逆转的一天……

林肯曾说："大部分的人，在决心要变得幸福的时候，就会有那种幸福的感觉。"幸福是一种心情，宽容是一种仁爱，智慧是一种达到人生快乐的方法。向着阳光，阴影就留在了身后，人生还会有什么过不去的呢？别被小事烦扰，让那些委屈和难堪的遭遇在内心转变成另一种心情。太过执着，只能是累。只有学会放弃，才能卸下人生中的种种包袱；只有学会享受生活，才会更加珍惜生活；只有学会给自己希望，才能生活得更加阳光。

"但愿此心春长在，须知世上苦人多。"正因为我们心中无"春"，所以我们才总觉得自己活得辛苦，人生毫无快乐可言。其实生命是有限的，但快乐是无限的。正如卡耐基所说："要是我们得不到我们希望的东西，最好不要让忧虑和悔恨来苦恼我们的生活。"

且让我们原谅自己，学着豁达一点，怀着淡泊之心，多爱自己一点，别跟自己过不去。学会笑面人生，人生会更乐观潇洒；

笑面人生，人生会更绚丽精彩；笑面人生，人生会更自由豪迈。这样的人生，才是最为阳光的人生。

用移情的办法把伤害降低到最小

很多事，都在一念之间，念头转得过来就是天堂，转不过来就是地狱。因此，最关键的是让你的心中充满爱，只有你的心中充满了爱，你才可能替别人着想，才可能让自己从情绪中走出来，不致成为脾气的奴隶。

其实，在你打算与别人生气时，不妨换一种思想，用另一种办法抑制自己的愤怒情绪，其中比较有效的办法就是移情。

所谓移情，就是转移自己的注意力。具体来说，当你想生气的时候，你不妨做点别的事情来转移自己的情绪，这样既可以让自己暂时平静下来，也可以减少对别人的伤害，从而把伤害降低到最小限度。

可以通过以下行动来达到移情的作用：

稍微缓一缓，先出去走走，暂时离开当时的环境，所谓"事过境迁"，而境迁也易事过。怒气已消，心平气和看事情，会有不一样的角度。义愤填膺时，先按捺一下情绪，等过了10分钟再说。有些事绝对急不得，特别是生气的事，宁可放慢一些。

找人聊聊。和一个与此事不太相干的人谈谈你的想法，找一个可以抒发的渠道，通过和朋友聊聊天，宣泄出心中那股怒气，情绪自然会好得多。

去大睡一觉，醒来之后想法必然会有所不同，或是去看一场电影，转移注意力，免得自己一再掉入苦毒怨尤的旋涡中。

调整呼吸。借着缓慢的一呼一吸舒解情绪，通过身体的自然放松，改变内心的愤怒状态。心理会影响生理，同样地，生理也会影响心理，呼吸放缓和肢体放松，对我们的心情会有很大的助益。

扩展心灵视野。当心灵的视野扩展后，心情也会变得坦然多了。

以适度开放的心态考虑问题

在成长的过程中，很多人因为家庭的反对、身边人的否定与批评、在社会中碰壁，奋发向上的热情就慢慢冷却，逐渐丧失信心和勇气，开始变得懦弱、狭隘、自卑、孤僻，不敢放手一搏。事实上，他们不是输给了外界压力，而是输给了自己。很多时候，阻挡我们前进的不是别人，而是我们自己。因为怕跌倒，所以走得胆战心惊、亦步亦趋；因为怕受伤害，所以把自己裹得严严实实。事实上，困难根本就没有想象的那么可怕，只要我们以开放的心态去考虑问题，就没有过不去的坎儿。但是，如果我们封闭自己的心，我们就会掉进自己为自己打造的"心狱"。

人的心理牢笼千奇百怪、五花八门，但它们都有一个共同的特点，那就是这些所谓的"心理牢笼"都是自己营造的。时间一长，个人就会不知不觉地把自己囚禁在"心狱"之中，哪里还有时间去追求丰富多彩的阳光人生？

一个渴望拥有积极心态，并依靠积极心态有所成就的人，必须走出自己的"心狱"。正如一位哲人所说："世界上没有跨越不了的事，只有无法逾越的心。"心中有"牢笼"，限制了才能的发挥。所以，我们要想开放自己的人生，获得快乐的生活，关键在于冲出自己的"心狱"。

有句话是这样说的："自己把自己说服了，是一种理智的胜利；自己被自己感动了，是一种心灵的升华；自己把自己征服了，是一种人生的成熟。大凡说服了、感动了、征服了自己的人，可以凭借潜能的力量征服一切挫折、痛苦和不幸。"

事实就是如此，许多人的悲哀并不在于他们运气不好，而在于他们总爱给自己设定许多条条框框，这种条框限制了他们想象的空间和奋进的勇气，模糊了他们前行的航向和人生的追求。他们要么看似一天到晚忙个不停，实则碌碌无为；要么就是被心中的藩篱阻碍，老是怨天尤人，最终白白错失机会；要么被自己心里的黑暗笼罩，结果再也看不到未来的光芒……可是他们不知道，阻碍他们进步、让他们最终后悔的其实是自己给自己设置的藩篱，如果能打破自我设定的障碍，冲出自己的"心狱"，多一点阳光，多一点豁达，就可以收获不一样的人生。

坏事有时候并不是全盘皆坏

坏事就一定是全盘都坏吗?答案是否定的,很多时候,坏事中也蕴藏着好的机遇,关键是你要善于发现。

举个例子来说吧,在竞争激烈的职场中,我们也许遇到过被老板炒鱿鱼的境况。我们可能一时无法接受,可能觉得委屈。但是换个角度思考,老板炒了你的鱿鱼,你才能有机会换一份更好的工作。

在现代社会中,很少有人一生只做一份工作,失业未必都是坏事。虽然被炒鱿鱼时,有些尴尬,其实你冷静想想,也许自己并不适合这样一份工作。与其继续一份不利于个人职业发展的工作,还不如去寻找另一番天地,也许能在新的环境中成就人生。

杰克是一个公司的办公室主任,手下有十几名员工,工作做得倒也顺手。经济危机犹如一阵飓风刮来,一夜之间遍及全球,而影响最大的就是商贸方面。

杰克所在的公司瞬间陷入困境,货源推不出去,资金链条不再正常运行,银行不再放贷。怎么办?为了生存,公司只得尽可能地缩减各项开支。大量裁员是其中一个重要方法,而杰克所在的部门是服务型,又无法给公司创造出可观的效益。杰克被炒鱿鱼了。

杰克在刚听到这个消息后,马上开始紧张起来。他想:如果我失去了这个工作,现在还有谁会想雇用我?

当天，他回到家里。看到儿子正在书房写作业，女儿自己在客厅玩耍，妻子在做晚饭。为了照顾两个孩子，妻子已经几年没有工作了。所以这个家庭全靠他一个人。这一切让杰克感到了自己的责任，他决定从眼前不幸的处境中寻找机会。

后来，经过和妻子商量，杰克决定自己创业。妻子把家中所有积蓄拿出来，他又把房子作为抵押贷了一部分钱。在离家不远处开了一个便利店，这样一来，当杰克进货或者需要外出时，妻子也可以到店里帮忙。

经过苦心经营，两年下来，便利店的生意越来越好。于是，他们又把这两年赚来的钱重新投资，扩大了规模。白手起家从不简单，但杰克却成功了。如今，杰克夫妇经营着两家便利店，都有专门人员进行管理。

回忆失去工作的那段时期，杰克说："总而言之，这也算是一种赐福。经营便利店所得到的经验，远胜过我跟着一个老板做事多年的所得。包括我有幸举办各类活动、与诸多人共事。一切都美妙极了。"

从这个角度来说，失业反而可以让你静下心来分析以往的得失，找出缺点，总结优势，思考自己未来的方向，重新规划未来。它还能磨炼我们的意志，激励我们去正确面对困难和压力，争取更大的成功。

无论何时，都要用积极的力量引导自己

要想成就大事，我们必须要有积极的心态。不要觉得积极的心态不可塑造，拿破仑·希尔曾经说过："你的心态是你——而且只是你——唯一能完全掌握的东西。"只要我们积极地练习，我们完全可以用积极的力量来引导自己的心。

下面是一些成功人士培养积极心态的方法，我们不妨借鉴。

不要觉得你生来就注定失败，彻底地消除你脑海中的那些与积极心态背道而驰的不良因素。

在心中确定自己最想要得到的东西，一旦确定，就马上把想法付诸行动。在行动的过程中不要忘了帮助他人，因为帮助他人也是佐证自己思想的重要途径。

给自己制订计划，但是计划一定要合适，所定的计划不要太过度，过度就是一种贪婪。记住，贪婪是使野心家失败的最主要因素。

每天说一些让人舒服的话或者做一些让人舒服的事情，比如你可以给别人讲一些笑话，或者送给别人一本励志的书，让你身边的人感受到生活的美好。日行一善，可以让你永远保持无忧无虑的心情。

改变对挫折的认识，知道挫折可以打倒你，但就是不能打败你。

务必让自己养成今日之事今日毕的好习惯，如果不能，但起

码要自己做到不要堆积任务。要知道：懒散的心态，很容易就会变成消极的心态。

当你实在找不到解决问题的办法时，不妨放下手中的事情，去帮别人解决问题，说不定在帮别人的时候，你能突发奇想。就像有人说的那样，在你帮助别人解决问题的同时，实际上就是在洞察解决自己问题的方法。

每周读一些励志的好书，直到自己完全领会到其中的道理。

盘点自己的财产，并找出一种适合自己的理财方式，有了属于自己的财产，我们就可以自己决定自己的命运。

培养自己的服务意识，并试着提高自己的服务质量。我们在这个世界上的分量如何，与我们为他人所提供的服务的次数和质量息息相关，一个人越是能被别人需要，那么，他就越容易建立积极人生观，越容易培养自己的积极心态。

试着慢慢改掉你的坏习惯。当然，在改正自己坏习惯的时候，不要急，可以试着一周或者半月改掉一项坏习惯。但不要忘记的是，在改掉一项坏习惯之后，就总结反思一下自己的成果。如果发现自己的某项坏习惯很难改正，千万不要怯懦。

丢掉自怜情绪，要坚信自己就是唯一可以随时依靠的人。

把你的精力都用在你想追求的事情上，因为你让自己忙起来，让自己充实起来，你就没有那么多可以用来烦恼的时间，这样可以大大减少你的烦恼。

放弃控制别人的念头，把自己的精力转而用来控制我们自己。

懂得"要",向每天的生活"要"合理的回报。一个人不能只等着别人"给",而要懂得向别人"要",向别人索取,向生活索取,实际上是一种督促自己不断上进的好方法。

不要轻易就被别人的意见左右,当别人给你提出建议的时候,除非别人向你证明他的建议具有一定的可靠性和可操作性,否则,不要轻易就改变你自己的决定,因为大多数时候,你最初的决定才是出自你的内心。

生命在于运动,因此,只要有足够的时间,就要让自己活动起来。多多活动才能保持自己的健康状态。生理上的疾病很容易引起心理上的失调,如果一个人的身体和思想一样能保持积极的活动,那么,他就有足够的能量来维持积极的行动。

增加自己的耐性,试着和拥有不同信仰的人接触,并试着接受他们的观点,接受他人的本性,而不是一味地要求别人按照你的意思去做。

保持强烈的成功欲,因为成功的欲望可以带给你更多驱动力,并且只有积极的心态才能供给产生驱动力所需的燃料。

以相同或者更多的价值回报给你带来好处的人。记住一个重要的定律——报酬增加律,你奉献给别人的越多,到最后你得到的也会越多,甚至别人还会带给你想要的东西。

当你付出之后,你必须争取得到等价或者更高价值的东西。抱着这种念头工作或者生活,会帮助你驱除对年老的恐惧。

坚信自己可以为所有的事情找到解决方案。但同时也要提醒自己，自己的方案不一定是最好的，千万不要忘了参考别人的例子，但不管是哪种情况，都要坚信事情是一定可以解决的。

树立明确的目标，明确的目标可以帮助你战胜恐惧，并且坚定你解决任何困难的信心。爱迪生虽然失败了千万次，但是为了达到自己的目标，他还是会坚持到底。

对善意的批评要采取接受的态度。要知道，别人的好心批评是让自己做一番反省的好机会，通过反省找出自己需要改善的地方，让自己在改善中不断进步。

不要采取具有负面意义的说话方式，特别是要根除尖酸刻薄、闲言碎语或者中伤他人的行为，这些行为都会让你的思想走向负面。

让自己的生命保持着原生态——不矫揉造作，在条件允许的情况下，尽可能地展现出真实的自己。

信任你的朋友、你的合作伙伴，只有这样，你才能让自己生活在一个更加和谐的圈子里。

改变思维,改变世界

改变了思维,就改变了与世界互动的方式

快乐总是自找的,它需要一颗善于发现的心。

美国的一位牧师正在家里准备第二天的布道。他的小儿子在屋里吵闹不止,令人不得安宁。牧师从一本杂志上撕下一页世界地图,然后撕成碎片,丢在地上说:"孩子,如果你能将这张地图拼好,我就给你一元钱。"

牧师以为这件事会使儿子花费一上午的时间,但是没过10分钟,儿子就敲响了他的房门。牧师惊愕地看到,儿子手中捧着已经拼好了的世界地图。

"你是怎样拼好的?"牧师问道。

"这很容易,"孩子说,"在地图的另一面有一个人的照片。我先把这个人的照片拼到一起,再把它翻过来。我想,如果这个人是正确的,那么,世界地图也就是正确的。"

牧师微笑着给了儿子一元钱，说："你已经替我准备好了明天的布道，如果一个人是正确的，他的世界就是正确的。"

我们可以想象出这个孩子认真拼图的情形，那是一幅多么安静的景象，似乎一切都静止了，全为这个认真的孩子。

一个心存快乐的人不会因为尘世间各种纷扰而破坏那份对美好事物的憧憬，他总会发现世界的种种可爱之处，在每一个早晨，都让自己的心灵滚动着露珠。

一个快乐的人善于装饰自身，也挚爱自己的家庭，他将生命的每一个时刻都看作是一种享受，认真地品读一本自己喜欢的书，亲自为家人做他们爱吃的炸酱面，这个过程不是痛苦的承受，而是一种美滋滋的享受。

快乐的人不会在还没有办事情的时候就会想到一大堆的困难，而是兴奋地、努力地去做好它，想到成功时的喜悦就信心大增。

快乐，简单而朴实，有时候自行车的车轮声也是美妙的歌曲。快乐不是某个人所专有的，而是在于这个人的心态简单，充满着美好的愿望。

生活中很多事情是无法改变的，能改变的只是自己的思维模式，因为思维方式不同，一个人的心态就不同，那么，思考结果就不同。即使是同样一件事情在不同人的身上也有着截然不同的反应，有的人会一直愁眉不展，有的人依然和往常一样积极进取。

快乐不在于一个人拥有了多少,而在于一个人能够承受多少,在于一个人能够拥有多大的胸襟,我们在抱怨自己的衣服不够多的时候,抱怨自己不够有钱的时候,可否想到那些甚至还洗不上澡的人,那些还穿不上衣服的人?可当我们面带怜意地看着他们的时候,却发现他们并没有我们想的那样愁眉不展,他们依旧天天脸上挂着微笑,很淳朴很自然地对你微笑,这就是一个富有而不快乐的人与一个贫困却快乐的人的差别。

人之所以不快乐,是因为常常会把精力全集中在对生活的不满之处,而我们更应该做的是把注意力集中在开心的事情上,这样就可以更多地感受到生命中美好的一面,对生活心存感激。

快乐是紧紧地抓住现在,让昨天所有的阴霾烟消云散,只留下理性的经验教训做今天快乐的基石;把明天的杞人之忧挡在门外,只让幸福的憧憬走进落地之窗,让自己尽情享受当下的人生。

快乐似一杯清茶那么清香,似一点星光那么宁静,似一抹朝霞那么绚烂。做一个快乐的人就要有对负面消息进行过滤的能力,不要让它们在自己的大脑中存在很长的时间,这些负面的消息可能在一段时间内影响一个人的情绪。

不管遇到什么事情,快乐的人总会换一个角度去思考问题,一个人改变了思维,就等于改变了与世界互动的模式。因为改变了思维,所以,一个人能轻松地处理问题,而不是整天活在恐惧或者沮丧之中。

学会正面思考，就会有幸福的人生

你想成为什么样的人，你就能成为那样的人。你的头脑创造了你的地狱，也创造了你的天堂。关键在于你朝哪一个方向移动，这一切都是你自己的选择。你所拥有的人生最大的权力就是选择的权力。

有一个著名的寓言：一个人在旅行时偶然进入了天堂。天堂里长着一种能满足心中愿望的树，只要坐在树底下，所想得到的东西就会立刻被实现。那个旅人已经很疲倦了，所以他睡在那棵树下。当他醒来的时候，就立刻出现了不知从何而来的、飘浮在空中的各种美食。因为他很饿，所以马上吃了起来，当他吃饱了，心里很满足，另外一个想法从他内心生出：如果能有一些饮料的话更好，于是名贵的酒出现在他眼前。喝下了那些酒，他开始怀疑：这到底是怎么回事呢？我是不是在做梦或者是一些鬼在作弄我？接着，就有一些鬼出现了，他们很凶猛，很可怕，令人恶心，他开始颤抖，然后，有一个想法从他心里生出：我一定会被杀掉……最后，他果然被杀掉了。

我们常说：外在发生的一切，其实是反映我们内在心灵世界的一面镜子。如果我们的内在世界发生了改变，变得更丰盛，那么，外在世界的一切也就会变得丰盛起来。内心的反应其实就是一种思维模式，正面思维有利于我们处理任何事情时都以积极、主动、乐观的态度去思考和行动，促使事物朝有利于自己的方向转化。它使人在逆境中更加坚强，在顺境中脱颖而出，变不利为有利，从优秀到卓越。

人生很多的失败，往往是因为思维方式变成负值，这类负面的思维方式如果不改正，不管你有多少财富，你都不可能有幸福的人生。要度过幸福的人生，要把工作做到最好、事业做到最大，就无论如何必须具备正确的、正面的思维方式。

为了改变一个乞丐的命运，上帝化作一个老人前来点化他。

上帝问乞丐："假如我给你1000元，你如何用它？"乞丐回答说，拿到钱，马上买个手机。上帝很纳闷，问为什么。乞丐说："我可以用手机同城市的各个地区联系，哪里人多，我就可以到哪里去乞讨。"

听了乞丐的回答，上帝很失望，但他没有死心，而是继续问道："那么，如果给你10万元，你想做什么？"乞丐这回更高兴了，他说："那我可以买一部车，这样我以后出去乞讨就方便多了，再远的地方也可以很快赶到。"

上帝这次狠了狠心，说："给你1000万元呢？"乞丐听罢，眼里闪着光亮说："太好了，我可以把这个城市最繁华的地区全买来。"上帝听完很高兴，以为这个乞丐突然间开窍了，没想到乞丐说了这么一句："到那时，我就把我领地里的其他乞丐全部撵走，不让他们抢我的饭碗。"上帝无奈地走了。

故事中的乞丐，面对机遇，始终改变不了一个乞丐的思维，他想到的只是如何更好地为行乞创造条件，却没有想过抓住这个机遇，通过自己的努力来改变命运。这注定他无法改变行乞的命运。

思维的正与负是人生成与败的分水岭。有了正面思维，负面思维就没有了立足之地。正面思维是负面思维的天敌，克制负面思维，用正面思维来置换负面思维，是事业成功和自我实现的唯一途径。

人生和事业的成功需要保持正确的思维方式，充满热情，提升能力，持有正面的思维方式显得极其重要，因为有了正面的思维方式，才会有幸福的人生。

学会逆向思考，掌握以反求正的生存智慧

大家都知道，人类的思维具有方向性，存在着正向与反向的差异。正向思维是人们最常用的方式，从问题推导结果。但有时这样并不能解决问题，这时就要使用逆向思维。

所谓逆向思维方法，就是指人们为达到一定目标，从相反的角度来思考问题，或是从问题想要得出的结果推导必须获得的条件，从中引导出解决问题的方法。

很多时候，对问题只从一个角度去想，很可能进入死胡同，因为事实也许存在完全相反的可能。这时，假如探寻逆向可能，问题就会迎刃而解。

一位老妇人在一所幼儿园附近买了一栋住宅，打算在那里安

度晚年。有几个小朋友，经常课间休息的时候用脚踢房屋周围的垃圾桶。附近的居民深受其害，对他们的恶作剧多次阻止，结果都无济于事。时间长了，只好听之任之。这位老妇人也很苦恼，她根本受不了这种噪音，决定想办法让他们停止。

有一天，当这几个小朋友又在狠踢垃圾桶的时候，老妇人来到他们面前，对他们说："我特别喜欢听垃圾桶发出来的声音，所以，你们能不能帮我一个忙？如果你们每天都来踢这些垃圾桶，我将天天给你们每人10元钱的报酬。"

小朋友很高兴地同意了，于是，他们更加使劲地踢垃圾桶。

过了几天，这位老妇人愁容满面地找到他们，说："通货膨胀减少了我的收入，从现在起，我恐怕只能给你们每人5元钱了。"

这几个小朋友有点不满意，但还是接受了老妇人的条件，每天下午继续踢垃圾桶，可是没有从前那么卖力了。几天以后，老妇人又来找他们。"瞧！"她说，"我最近没有收到养老金支票，所以每天只能给你们1元钱了，请你们千万谅解。"

"1元钱！"一个小朋友大叫道，"你以为我们会为了区区1元钱浪费时间？不成，我们不干了！"从此以后，老妇人和邻居都过上了安静的日子。

该怎样让这些淘气的小朋友停止踢垃圾桶，不再制造噪音呢？是冲出去将这些人训斥一顿，还是苦口婆心教育他们这样已经妨碍了他人的休息？恐怕这些人们通常所想到的办法都没什么效果，强制性的命令只会让他们变本加厉。

但是老妇人却出人意料地想出了一个好点子，从制止他们踢垃圾桶，到给钱让他们踢垃圾桶再逐渐减少给他们的钱，让他们从主动愿意踢到没有钱就不乐意踢，这真是一个使用逆向法的典范。老妇人轻易地解决了这个难题，获得了自己想要的宁静。

逆向思维是一种创造性的思维方式，它能将不利条件变为有利条件，将缺点变为潜在动力，出其不意地使自己从劣势变为优势。具备逆向思维能力和突破传统观念的勇气，这样才能在常人认为不可能的事情中抓住机会，获得发展。

在菲律宾的首都马尼拉，有一家"侏儒餐厅"。这家餐厅上至经理、下至侍者，都是一些最高不过1.30米，最矮只有67厘米的侏儒。由于服务方式奇特，各国游客纷纷慕名而至，餐厅生意十分兴隆。然而，餐厅的老板在酒店林立的马尼拉刚开始经营餐厅时，也同其他餐厅一样，招了一帮漂亮的姑娘和英俊的小伙子当招待，但生意并不景气，顾客稀稀拉拉。老板是个雄心勃勃的人，他不甘示弱，决心将餐厅的面貌彻底改观，于是苦苦思索振兴餐厅的良策。一天，老板在大街上偶然发现一个头大身小的侏儒，这个小矮人看上去相貌滑稽可爱，平时极少见到。老板灵机一动，一个奇妙的想法立刻占据了他的脑海：何不办一个"侏儒餐厅"？于是，老板招了一些矮人，这些侏儒有的当厨师，有的当收银员，而更多的是当招待。很快，"侏儒餐厅"就以它奇特的服务方式而独领风骚。每当顾客走进餐厅，马上就会受到一位身小头大的矮个子服务员的热烈欢迎，他笑容可掬地向顾客递上一条热毛巾。顾客在舒适的座位上坐定，又有一个动作、形态滑稽可笑的矮个子服务员送上菜谱，顾客们拿过菜谱往往笑得合不拢嘴。且不说该店的佳肴如何精美，单是这些矮人的殷勤好客、滑稽幽默，就够让人欢畅开怀，赞不绝口了。

逆向思维是创造性思维立交桥中的重要通道，运用逆向思维，往往会产生超常的构思，出奇制胜。老子曾说："反者，道之动。"反其道而行有时恰恰能体现万物运行的规律。人生创意的精髓正是不断地在挑战自我中更新自我。给自己的思维寻找反义词，生命逆解的过程将会产生原子爆炸般的能量，让你的人生创意空间瞬间扩张。

用积极的心态创造光明思维

有人说，人生难以跨越的不是逆境，而是心境，只要念转，运也会跟着转。有的人总是以错误的思维去想问题，结果他们变得更加悲观；有的人则能以正确的思维方式去对待问题，结果他们成了自己生命中的赢家。事实上，很多时候，只要我们换一个角度思考问题，一切都会变得不同。

比尔·盖茨曾经说过："人和人之间的区别，主要是脖子以上的区别。"一个人思维的正与负是决定人生成败的分水岭。懂得用正面思维来置换负面思维，这是一个人事业成功和自我实现的绝佳途径。

我们总说要有积极的心态，而积极的心态往往是光明思维的结果。光明思维的人，从失败中看机会；黑暗思维的人，却从机会中看失败。

甘婷在一家规模不大的酒店做前台接待，每天面对很多来来往往的客人。这些人往往早出晚归，使得甘婷工作时间经常被拉得很长，他们也不注意卫生习惯，要甘婷多做许多前台的清洁工作。这让甘婷很烦恼。客人是上帝，不敢得罪，不能反击。可她内心的确很痛苦。

直到有一天，甘婷接待了一对残疾人，才开始重新看待自己的工作。

甘婷清楚地记得，那天下午两点多，来了一对穿着讲究的年轻人，她赶紧起身相迎，并热情地招呼。可是走到前面的男人却只是微笑着并不说话。甘婷又问他需要帮忙吗？这时，身后的女人却拿出了一支笔和一个笔记本递给了男人。

男人接过后写下"我们是聋哑人，我可以用笔与你交流吗"？甘婷点了点头。男人又写："我们是来度蜜月的，请你为我们推荐一间环境舒适的房间好吗？"就这样，两方通过写字的方式，根据他们的要求，甘婷把酒店的价位及服务标准一一告知于他。

这对年轻的恋人一住就是半个多月。他们对甘婷的服务非常满意，每天出入都会主动给甘婷打招呼。如果是看到甘婷没有工作时，他们会过来与甘婷聊天，当然还是以写字的方式。通过几天的接触，甘婷和他们竟然成了好朋友。

通过断断续续的交流，甘婷了解到，虽然他们不能和正常一样随时表达出自己的想法，但他们却做出了常人无法做到的事情。他们正在经营着一家盲人按摩店，而且规模不小。这次说是蜜月旅行，其实主要是考察市场，他们打算再开一家分店。

得知这些事情，甘婷十分佩服他们对生活的积极态度，但还有一个疑惑：他们连正常交流都无法进行，却那么开心，他们怨恨过生活对自己的不公吗？自己为什么整日为工作纠结，为生活烦恼？

直到他们准备离开的前一天，甘婷才说出自己心中的疑问。她在纸上写出："我觉得太累了，你们埋怨过命运吗？"

女人嫣然一笑，迅速在本子上写下这么几行字：

我身材很好，可以穿漂亮的衣服；

我们还能正常行走；

他很爱我；

我会写字；

……

最后，她以一句话作结论："我只看我有的，不看我没有的！"

他们微笑着向甘婷告别。甘婷陷入了沉思：他们只想到自己好的方面，而自己总是想到不如意的事情。

这对聋哑人给我们所有正常人上了一课。"我只看我有的，不看我没有的！"其实这就是一种光明思维，或者说是一种阳光心态。人生中有许多值得追求的东西。如果一个人总是抱怨这抱怨那，总是看到事物的黑暗面，那么这个人的思维是相当黑暗的。光明思维就是当我们身处逆境时，要在困难中看到光明的方向。

　　美国成功学大师拿破仑·希尔在对美国最有作为的人的采访中发现，成功的一个十分重要的因素就是思维积极。正面思考，那么，你心中的黑暗就会被照亮，你心中的阴霾就会被驱散，你的人生也会充满朝气和活力！

换个角度看问题,换种方式作努力

不做无谓的坚持,要学会转弯

  生活中很多再平常不过的事情中其实都有禅理,只是疲于奔波的众生早已丧失了于细微处探究竟的兴趣和能力。佛家所言,其实今天的我们已经不再是昨天的我们,为了在今天取得进步、重建自我就必须放下昨天的自己;为了迎接新兴的,就必须放下旧有的。想要喝到芳香醇郁的美酒就得放下手中的咖啡,想要领略大自然的秀美风光就要离开喧嚣热闹的都市,想要获得如阳光般明媚开朗的心情就要驱散昨日烦恼留下的阴霾。

  放得下是为了包容与进步,放下对个人意见的执着才能包容,放下今日旧念的执着才会进步。表面看来,放下似乎意味着失去,意味着后退,其实在很多情况下,退步本身就是在前进,是一种低调的积蓄。

  一位学僧斋饭之余无事可做,便在禅院里的石桌上作起画来。画中龙争虎斗,好不威风,只见龙在云端盘旋将下,虎踞山头作势欲扑。但学僧描来抹去几番修改,却仍是气势有余而动感不足。正好无德禅师从外面回来,见到学僧执笔前思后想,最后还是举棋不定,几个弟子围在旁边指指点点,于是就走上前去观看。学僧看到无德禅师前来,于是就请禅师点评。无德禅师看后说道:"龙和虎外形不错,但其秉性表现不足。要知道,龙在攻击之前,头必向后退缩;虎要上前扑时,头必向下压低。龙头向后曲度越大,就能冲得越快;虎头离地面越近,就能跳得越高。"学僧听后对禅师的见解非常佩服,于是说道:"老师真是慧眼独具,我把龙头画得太靠前,虎头也抬得太高,怪不得总觉得动态不足。"无德禅师借机说:"为人处世,亦如同参禅的道理。退却一步,才能冲得更远;谦卑反省,才会爬得更高。"另外一位学僧有些不解,问道:"老师!退步的人怎么可能向前?谦卑的人怎么可能爬得更高?"无德禅师严肃地对他说:"你们且听我的诗偈:'手把青秧插满田,低头便见水中天。身心清净方为道,退步原来是向前。'你们听懂了吗?"学僧们听后,点头,似有所悟。

无德禅师此刻在弟子们心中插满了青秧,不知弟子们看见了秧田的水中天否?进是前,退亦是前,何处不是前?无德禅师以插秧为喻,向弟子们揭示了进退之间并没有本质的区别。做人应该像水一样,能屈能伸,既能在万丈崖壁上挥毫泼墨,好似银河落九天,又能在幽静山林中蜿蜒流淌,自在清泉石上流。

佛陀在世时,受到世人敬仰与称赞。有一个人对此颇为不服,终日咒骂,有一天,这个人索性跑到了佛陀面前,当着他的面破口大骂。但是,无论他的言语多么不堪入耳,佛陀始终沉默相对,甚至面带微笑。终于,这个人骂累了。他既暴躁又不解,不知道佛陀为何不开口说话。佛陀似乎看到了他心中的困惑,对他说:"假如有人想送给你一件礼物,而你不喜欢,也并不想接受,那么这件礼物现在属于谁呢?"这个人不明白佛陀的意思,略一思量,回答道:"当然还是要送礼物的这个人的了。"佛陀笑着点头,继续问他:"刚才你一直在用恶毒的语言咒骂我,假如我不接受你的这些赠言,那么,这些话属于谁呢?"他一时语塞,方才醒悟到自己的错误,于是他低下头,诚恳地向佛陀道歉,并为自己的无礼而忏悔。

退一步海阔天空并非一句空话,佛陀并未因为他人对自己的无礼而气愤,反而沉默相对,似乎在步步后退,当这个人心生困惑时甚至耐心地予以开释。他人步步进逼,而佛陀却始终淡然处之。有退有进,以退为进,绕指柔化百炼钢,也是人生的大境界。

有一种智慧叫"弯曲"

人生之旅,坎坷颇多,难免直面矮檐,遭遇逼仄。

弯曲,是一种人生智慧。在生命不堪重负之时,适时适度地低一下头,弯一下腰,抖落多余的负担,才能够走出屋檐而步入华堂,避开逼仄而迈向辽阔。

孟买佛学院是印度最著名的佛学院之一,这所佛学院的特点是建院历史悠久,培养出了许多著名的学者。还有一个特点是其他佛学院所没有的,这是一个极其微小的细节。但是,所有进入过这里的学员,当他们再出来的时候,无一例外地承认,正是这个细节使他们顿悟,也正是这个细节让他们受益无穷。

这是一个被很多人忽视的细节:孟买佛学院在它正门的一侧,又开了一个小门,这个门非常小,一个成年人要想过去必须弯腰侧身,否则就会碰壁。

其实,这就是孟买佛学院给学生上的第一堂课。所有新来的人,老师都会引导他到这个小门旁,让他进出一次。很显然,所有的人都是弯腰侧身进出的,尽管有失礼仪和风度,却达到了目的。老师说,大门虽然能够让一个人很体面很有风度地出入,但很多时候,人们要出入的地方,并不是都有方便的大门,或者,即使有大门也不是可以随便出入的。这时,只有学会了弯腰和侧身的人,只有暂时放下面子和虚荣的人,才能够出入。否则,你就只能被挡在院墙之外。

孟买佛学院的老师告诉他们的学生,佛家的哲学就在这个小门里。

其实,人生的哲学何尝不在这个小门里。人生之路,尤其是通向成功的路上,几乎是没有宽阔的大门的,所有的门都需要弯腰侧身才可以进去。因此,在必要时,我们要能够学会弯曲,弯下自己的腰，才可得到生活的通行证。

人生之路不可能一帆风顺，难免会有风起浪涌的时候，如果迎面与之搏击，就可能会船毁人亡，此时何不退一步，先给自己一个海阔天空，然后再图伸展。

妙善禅师是世人景仰的一位高僧，被称为"金山活佛"。他于1933年在缅甸圆寂，其行迹神异，又慈悲喜舍，所以，直至现在，社会上还流传着他难行能行、难忍能忍的奇事。

在妙善禅师的金山寺旁有一条小街，街上住着一个贫穷的老婆婆，与独生子相依为命。偏偏这儿子忤逆凶横，经常喝骂母亲。妙善禅师知道这件事后，常去安慰这老婆婆，和她说些因果轮回的道理，逆子非常讨厌禅师来家里，有一天起了恶念，悄悄拿着粪桶躲在门外，等妙善禅师走出来，便将粪桶向禅师兜头一盖，刹那间，腥臭污秽淋满禅师全身，引来了一大群人看热闹。

妙善禅师却不气不怒，一直顶着粪桶跑到金山寺前的河边，才缓缓地把粪桶取下来，旁观的人看到他的狼狈相，更加哄然大笑，妙善禅师毫不在意地道："这有什么好笑的？人本来就是众秽所集的大粪桶，大粪桶上面加个小粪桶，有什么值得大惊小怪的呢？"

有人问他："禅师，你不觉得难过吗？"

妙善禅师道："我一点儿也不会难过，老婆婆的儿子以慈悲待我，给我醍醐灌顶，我正觉得自在哩！"

后来，老婆婆的儿子为禅师的宽容感动，改过自新，向禅师忏悔谢罪,禅师高兴地开释了他。受了禅师的感化,逆子从此痛改前非,以孝闻名乡里。

妙善禅师将身体看作大的粪桶,加个小的粪桶,也不稀奇。这种认识正是他高尚的人格和道德慈悲的表现,而正是这一刻他弯下了腰,忍住了屈辱,才感化了忤逆的年轻人。

为人处世,参透屈伸之道,自能进退得宜,刚柔并济,无往而不利。能屈能伸,屈是能量的积聚,伸是积聚后的释放;屈是伸的准备和积蓄,伸是屈的志向和目的;屈是手段,伸是目的;屈是充实自己,伸是展示自己;屈是柔,伸是刚;屈是一种气度,伸更是一种魄力。伸后能屈,需要大智;屈后能伸,需要大勇。屈有多种,并非都是胯下之辱;伸亦多样,并不一定叱咤风云。屈中有伸,伸时念屈;屈伸有度,刚柔并济。

人生有起有伏,当能屈能伸。起,就起他个直上云霄;伏,就伏他个如龙在渊;屈,就屈他个不露痕迹;伸,就伸他个清澈见底。这是多么奇妙、痛快、潇洒的情境啊!

改变世界,从改变自己开始

在威斯敏斯特教堂地下室里,英国圣公会主教的墓碑上刻着这样的一段话:

当我年轻自由的时候,我的想象力没有任何局限,我梦想改变这个世界。

当我渐渐成熟明智的时候，我发现这个世界是不可能改变的，于是我将眼光放得短浅了一些，那就只改变我的国家吧！但我的国家似乎也是我无法改变的。

当我到了迟暮之年，抱着最后一丝努力的希望，我决定只改变我的家庭、我亲近的人——但是，唉！他们根本不接受改变。

现在在我临终之际，我才突然意识到：如果起初我只改变自己，接着我就可以依次改变我的家人。然后，在他们的激发和鼓励下，我也许就能改变我的国家。再接下来，谁又知道呢，也许我连整个世界都可以改变。

这段碑文令人深思。

大文豪托尔斯泰也说过类似的话："全世界的人都想改变别人，就是没人想改变自己。"别说命运对你不公平，其实上帝给每个人都分配了美好的将来，只是看你有没有把握住自己的人生。有的人用习惯的力量让自己抓住了命运的手。有的人虽然最初与命运擦肩而过，但是他们改变了自己，又让命运转回了微笑的脸。

原一平，美国百万圆桌会议终身会员，荣获日本天皇颁赠的"四等旭日小绶勋章"，被誉为日本的推销之神，但其实他小的时候是以脾气暴躁、调皮捣蛋、叛逆顽劣而恶名昭彰的，被乡里人称为无药可救的"小太保"。

在原一平年轻时，有一天，他来到东京附近的一座寺庙推销保险。他口若悬河地向一位老和尚介绍投保的好处。老和尚一言不发，很有耐心地听他把话讲完，然后以平静的语气说："你的介绍，丝毫引不起我的投保兴趣。年轻人，先努力去改造自己吧！""改造自己？"原一平大吃一惊。"是的，你可以去诚恳地请教你的投保户，请他们帮助你改造自己。我看你有慧根，倘若你按照我的话去做，他日必有所成。"

从寺庙里出来，原一平一路思索着老和尚的话，若有所悟。接下来，他组织了专门针对自己的"批评会"，请同事或客户吃饭，目的是让他们指出自己的缺点。

原一平把种种可贵的逆耳忠言一一记录下来。通过一次次的"批评会"，他把自己身上那一层又一层的劣根性一点点剥掉。

与此同时，他总结出了含义不同的39种笑容，并一一列出各种笑容要表达的心情与意义，然后再对着镜子反复练习。

他开始像一条成长的蚕，在悄悄地蜕变着。

最终，他成功了，并被日本国民誉为"练出价值百万美元笑容的小个子"；美国著名作家奥格·曼狄诺称之为"世界上最伟大的推销员"。

"我们这一代最伟大的发现是，人类可以由改变自己而改变命运。"原一平用自己的行动印证了这句话，那就是：有些时候，迫切应该改变的或许不是环境，而是我们自己。

也许你不能改变别人，改变世界，但你可以改变自己。幸福、成功的第一步，唯需从改变自己开始。

人生处处有死角，要懂得转弯

任何事物的发展都不是一条直线，聪明人能看到直中之曲和曲中之直，并不失时机地把握事物迂回发展的规律，通过迂回应变，达到既定的目标。

顺治元年（1644），清王朝迁都北京以后，摄政王多尔衮便着手进行武力统一全国的战略部署。当时的军事形势是：农民军李自成部和张献忠部共有兵力40余万；刚建立起来的南明弘光政权，汇集江淮以南各镇兵力，也不下50万人，并雄踞长江天险；而清军不过20万人。如果在辽阔的中原腹地同诸多对手作战，清军兵力明显不足。况且迁都之初，人心不稳，弄不好会造成顾此失彼的局面。

多尔衮审时度势，机智灵活地采取了以迂为直的策略，先怀柔南明政权，集中力量攻击农民军。南明当局果然放松了对清的警惕，不但不再抵抗清兵，反而派使臣携带大量金银财物，到北京与清廷谈判，向清求和。这样一来，多尔衮在政治上、军事上都取得了主动地位。顺治元年七月，多尔衮对农民军的进攻取得了很大进展，后方亦趋稳固。此时，多尔衮认为最后消灭明朝的时机已经到来，于是，发起了对南明的进攻。当清军在南方的高压政策和暴行受阻时，多尔衮又施以迂为直之术，派明朝降将、汉人大学士洪承畴招抚江南。顺治五年，多尔衮以他的谋略和气魄，基本上完成了清朝在全国的统一。

迂回的策略，十分讲究迂回的手段。特别是在与强劲的对手交锋时，迂回的手段高明、精到与否，往往是能否在较短的时间内由被动转为主动的关键。

美国当代著名企业家李·艾柯卡在担任克莱斯勒汽车公司总裁时，为了争取到10亿美元的国家贷款来解公司之困，他在正面进攻的同时，采用了迂回包抄的办法。一方面，他向政府提出了一个现实的问题，即如果克莱斯勒公司破产，将有60万左右的人失业，第一年政府就要为这些人支出27亿美元的失业保险金和社会福利开销，政府到底是愿意支出这27亿呢，还是愿意借出10亿极有可能收回的贷款？另一方面，对那些可能投反对票的国会议员，艾柯卡吩咐手下为每个议员开列一份清单，单上列出该议员所在选区所有同克莱斯勒有经济往来的代销商、供应商的名字，并附有一份万一克莱斯勒公司倒闭，将在其选区产生的经济后果的分析报告，以此暗示议员们，若他们投反对票，因克莱斯勒公司倒闭而失业的选民将怨恨他们，由此也将危及他们的议员席位。

这一招果然很灵，一些原先激烈反对向克莱斯勒公司贷款的议员不再说话了。最后，国会通过了由政府支持克莱斯勒公司15亿美元的提案，比原来要求的多了5亿美元。

俗话说："变则通，通则久！"所以，在经历一些暂时没有办法解决的事情时，我们应该学着变通，不能死钻牛角尖，此路不通就换条路。有更好的机会就赶快抓住，不能一条路走到黑，生活不是一成不变的，有时候我们转过身，就会突然发现，原来我们的身后也藏着机遇，只是当时的我们赶路太急，把那些美好的事物给忽略掉了。

换个角度，世界就会不一样

在现实生活中，情绪失控有很多原因，其中最常见的就是认为生活不如意，大事小事都与自己理想中的景象相去甚远。其实这种情况下，你大可不必死钻牛角尖，不妨换个角度来看问题，或许你就会有意料不到的收获，你的生活也就会不断充满希望与喜悦。

有这样一个故事。

在波涛汹涌的大海中，有一艘船在波峰浪谷中颠簸。一位年轻的水手顺着桅杆爬向高处去调整风帆的方向，他向上爬时犯了一个错误——低头向下看了一眼。浪高风急，顿时，他恐惧起来，腿开始发抖，身体失去了平衡。这时，一位老水手在下面喊："向上看，孩子，向上看！"这个年轻的水手按他说的去做，重新获得了平衡，终于将风帆调整好。船驶向了预定的航线，躲过了一场灾难。

换个角度看问题，视野要开阔得多，即使处在同一个位置。我们未尝不可从多个角度去分析事物、看待事物。换个角度，其实也是一种控制情绪的好方法。

如果我们能从另一个角度看人,说不定很多缺点恰恰是优点。一个固执的人,你可以把他看成一个"信念坚定的人";一个吝啬的人,你可以把他看成一个"节俭的人";一个城府很深的人,你可以把他看成一个"能深谋远虑的人"。

我们常常听到有人抱怨自己容貌不是国色天香,抱怨今天天气糟糕透了,抱怨自己总不能事事顺心……刚一听,还真认为上天对他太不公了,但仔细一想,为什么不换个角度看问题呢?容貌天生不能改变,但你为什么不想一想展现笑容,说不定会美丽一点儿;天气不能改变,但你能改变心情;你不能样样顺利,但可以事事尽心,你这样一想是不是心情好很多?

所以,我们不妨学得淡泊一点儿。不要总想着我付出了那么多,我将会得到多少这类问题。一个人身心疲惫,情绪波动,就是因为凡事斤斤计较,总是计算利害得失。如果把握一份平和的心态,换个角度,把人生的是非和荣辱看得淡一些,你就能很好地控制自己的情绪了。

第四章
DISIZHANG

逆境心理激励：

你要去相信，没有到达不了的明天

冬天来了，春天还会远吗

做个善于等待的人

在现实生活中，常有人犯浮躁的毛病。他们做事情往往既无准备，又无计划，只凭脑子一热、兴头一来就动手去干。他们不是循序渐进地稳步向前，而是恨不得一锹挖成一眼井，一口吃成胖子。结果呢，必然是事与愿违，欲速则不达。

古时候有兄弟二人，很有孝心，每日上山砍柴卖钱为母亲治病。神仙为了帮助他们，便教他们二人，可用4月的小麦、8月的高粱、9月的稻、10月的豆、12月的雪，放在千年泥做成的大缸内密封49天，待鸡叫3遍后取出，汁水可卖钱。兄弟二人各按神仙教的办法做了一缸。待到49天鸡叫2遍时，老大耐不住性子打开缸，一看里面是又臭又黑的水，便生气地洒在地上。老二坚持到鸡叫3遍后才揭开缸盖，里边是又香又醇的酒，所以"酒"与"洒"字差了一小横。

当然，酒字的来历未必是这样。但这个故事却说明了一个深刻的道理：成功与失败、平凡与伟大，两者之间的距离往往就在一步之间，咬紧牙关向前迈一步就成功了；停住了，泄气了，只能是前功尽弃。这一步就是韧劲的较量，是意志力的较量。

我们的社会，许多新鲜的外来事物都纷纷涌了进来。花花世界的花花事物，难免会对人产生极大的诱惑，而这极大的诱惑，会使人变得浮躁。许多人会想，我为什么不能拥有这些东西呢？别人可以拥有，我为什么不可以呢？

在这样的心态之下，他就浮躁起来，很想自己一下子能取得那么多物质上的东西，能享受到自己以前享受不到的东西。

可是，事情就是这样，你越着急，就越不会成功。因为着急会使你失去清醒的头脑，结果，在你的奋斗过程中，浮躁占据着你的思维，使你不能正确地制订方针、策略以稳步前进。结果呢，自然适得其反。

许多年轻人就是这样，给自己确立了"3年计划""5年计划"，下定决心要在3年内赚3000万，5年内成为一个亿万富豪。

这些年轻人之所以制订这样的计划，也许，他们心目中的学习榜样正是李嘉诚。可他们这个时候却忘了，李嘉诚之所以成功，之所以成为华人首富，不是靠什么3年计划、5年计划，他是一步一个脚印，通过几十年而绝不仅仅是几年的奋斗得来的，而他的奋斗也是充满了艰辛与坎坷的。这些艰辛与坎坷，我们现在说起来好像挺轻松，一下子就过去了，而在当时，他是一天一天、一小时一小时、一分一分、一秒一秒地捱过来的。对这分分秒秒的艰辛与坎坷的体味，需要多大的毅力与意志！一个浮躁的人，是不会这么细心地去品味这些滋味的，也许，他们一尝到这样的滋味，就马上退却了。而李嘉诚，作为一个稳健的人，他深知：这样的苦难是必定要经受的，只有经受这些苦难才能赢得最终的甜美。

一个不浮躁的、稳健的人，通常也是一个不断地要求自己、完善自己、使自己不断适应时代与社会变革的人。也只有这样的人，才是最终会取得成功的人。

在这里，浮躁与稳健对于一个人成败的影响，一目了然。

只有不浮躁，才会吃得起成功路上的苦。

只有不浮躁，才会有耐心与毅力一步一个脚印地向前迈进。

只有不浮躁，才会制订一个接一个的小目标，然后一个接一个地实现它，最后走向大目标。

只有不浮躁，才不会因为各种各样的诱惑而迷失方向。

不经痛苦的忍耐，怎能有珍珠的璀璨

幸运、成功永远只能属于辛劳的人，有恒心不易变动的人，能坚持到底、决不轻言放弃的人。

耐性与恒心是实现目标过程中不可缺少的条件，是发挥潜能的必要因素。耐性、恒心与追求结合之后，形成了百折不挠的巨大力量。

一位青年问著名的小提琴家格拉迪尼:"你用了多长时间学琴?"格拉迪尼回答:"20年,每天12小时。"

我们与大千世界相比,或许微不足道,不为人知,但是我们能够耐心地增长自己的学识和能力,当我们成熟的那一刻、一展所能的那一刻,将会有惊人的成就。正如布尔沃所说的:"恒心与忍耐力是征服者的灵魂,它是人类反抗命运、个人反抗世界、灵魂反抗物质的最有力支持。从社会的角度看,考虑到它对种族问题和社会制度的影响,其重要性无论怎样强调也不为过。"

凡事没有耐性,耐不住寂寞,不能持之以恒,正是很多人最后失败的原因。英国诗人布朗宁写道:

实事求是的人要找一件小事做,

找到事情就去做。

空腹高心的人要找一件大事做,

没有找到则身已故。

实事求是的人做了一件又一件,

不久就做一百件。

空腹高心的人一下要做百万件,

结果一件也未实现。

拥有耐力和恒心,虽然不一定能使我们事事成功,但却绝不会令我们事事失败。古巴比伦富翁拥有恒久的财富秘诀之一,便是保持足够的耐心,坚定发财的意志,所以他才有能力建设自己的家园。任何成就都来源于持久不懈的努力,要把人生看作一场持久的马拉松。整个过程虽然很漫长、很劳累,但在挥洒汗水的时候,我们已经慢慢接近了成功的终点。半路放弃,我们就必须要找到新的起点,那样我们只会更加迷失,可是如果能坚持原路行进,终点不会弃我们而去。也许,我们每个人的心里都有一个执着的愿望,只是一不小心把它丢失在了时间的蹉跎里,让天下间最容易的事变成了最难的事。然而,天下事最难的不过十分之一,能做成的有十分之九。要想成就大事大业的人,尤其要有恒心来成就它,要以坚忍不拔的毅力、百折不挠的精神、排除纷繁复杂的耐性、坚贞不变的气质,作为涵养恒心的要素,去实现人生的目标。

在最深的绝望里,遇见最美丽的风景

所谓绝境,不过是成功前的一个热身、蹲下身、屈起臂膀、起跳……这一个个动作,都是为最后那完美的冲刺所做的精心准备。因此,不管你现在顺利与否、灰心与否,让我们共同记住:天无绝人之路,更无绝人之境。面对人生接踵而至的绝境,要坚定地告诉自己:我一定能在最深的绝望里,遇见最美丽的惊喜。

当你被命运无情捉弄,当你的生活一无所有,当你失去亲人和朋友,当你的肢体变得残缺,请不要绝望,因为你还有人最宝贵的东西——生命。所以就算遭受了多么大的打击,也不要放弃活下去的念头，每个人都是造物主的杰作，父母赐予我们生命，我们就该好好珍惜。看看那些为了生存苦苦挣扎的人，他们都在为生存而努力勇敢地走下去。

跌倒了爬起来继续往前走，放弃堕落和脆弱，只要活着，就有希望。

也许你以为自己深陷绝路，你认为所有的努力都是徒劳的，其实，再坚持一会儿，再试一下，就有可能看到胜利的曙光。很多时候，打败你的不是对手，也不是外部的环境，而是你自己的脆弱。并不是生活把你逼上了绝路，而是你自己把自己拉向了深渊。不管身处什么样的境地，都不要用绝望代替希望，只要有希望与你同在，总会出现柳暗花明又一村的转机。

相信自己没有什么不能做到，如果抱着巨大的热情和坚强的意志去改变现实，你就能掌控自己的命运。

只有多吃一点儿苦，才能磨炼出我们克服困难的勇气。只要我们有突破困境的信心，就不会惧怕黎明前的黑暗。只要我们能再坚持一下，再努力一回，迈出自己自信的步伐，完成这最后也是最关键的一步，我们就一定能进入成功的殿堂。

伟大和辉煌都是熬出来的

每次挫折都孕育着成功的种子

世事无常,我们每个人都可能遭遇困厄和挫折。遇见生命中不期而至的困难时,我们要相信自己会有一个无可限量的未来。挫折和成功像一对孪生兄弟形影不离,每一次的挫折都可能孕育着成功的种子。

有远见的人不会为眼前的挫折而恐惧,他们在不断前进的人生中,能看得见未来。因为明天的方向已留存于他的希望之中,他知道自己的人生将走向何方。

在一座山里住着一位樵夫,他砍柴的目的除了养活自己,还有一个梦想——建造一座风吹不倒,雨淋不湿的房子,以过上安居乐业的生活。于是,为了实现这个目标,他每天都比别的樵夫多砍好多的柴,大家都不明白他为何如此卖命地劳动。

一年过去了,在他不断的辛苦建造下,终于盖起了一间可以遮风挡雨的屋子。邻居们才明白他辛苦砍柴的原因。于是，每当刮风下雨时，他再也不用担心自己居无定所了，从此过着安稳舒适的生活。

但好景不久，这种来之不易的生活并没维持多久。有一天，他挑了砍好的木柴到城里交货，但当他黄昏回家时，却发现他的房子起火燃烧了。

左邻右舍都前来帮忙救火，只是因为傍晚的风势过于强大，根本没有办法将火扑灭。一群人只能静待一旁，眼睁睁地看着炽烈的火焰吞噬了整栋木屋。

房子烧尽，大火灭了。只见这位樵夫手里拿了一根棍子，跑进倒塌的屋里不断地翻找着。围观的邻人以为他是在翻找藏在屋里的珍贵宝物，所以也都好奇地在一旁注视着他的举动。

过了半晌，樵夫终于兴奋地叫着："我找到了！我找到了！"

邻人纷纷向前一探究竟，才发现樵夫手里拎着的是一柄柴刀，根本不是什么值钱的宝物。樵夫充满自信地说："只要有这柄柴刀，我就可以再建造一个更坚固耐用的家。"

果然，樵夫还是坚持砍柴，只是这次他把柴全部卖掉，用得到的钱买些不易着火的材料，建造房子。一年后，一座更坚固结实的房子又建好了。

上文中的樵夫并没有因灾难而一蹶不振，而是用那柄柴刀为自己重建了一个更加美好的家园。从这个角度来说，这就是他的成功。成功的人不是从未被困难击倒过的人，而是在被击倒后，还能够积极地往成功之路不断迈进的人。

无论是在生活还是工作中,我们都不要把自己禁锢在眼前的困苦中,放眼长望,当我们看到成功在未来展现出的远景时,便能抓住信念的圣火,成就辉煌的目标。

人们常说,命运的主人是自己。这就要求我们首先是自己心态的主人,我们的心态决定着我们的未来。无论心态是积极的还是消极的,我们都会把它们转化为现实世界的一部分。如果我们有贫困的念头,我们就会把贫困的想法变成现实,而如果我们有想变得富裕的想法,我们也同样会把变得富有的想法变成现实。

每次挫折都孕育着成功的种子。积极的心态对我们的人生起到不可估量的作用。人生苦短,苦尽才能甜来,随之才有潇洒的人生,才会不屈服于挫折的压力,开创大业,走向人生的辉煌。让我们直面人生的挫折和压力吧,因为它会让我们变得更加坚强,内心更加丰富。

每个问题中都隐藏着一个机会

不要把问题单纯地看成一个问题,事实上,每一个问题后面都蕴藏着一个机遇。只要你善于发现,就能从问题上站起来,找到成就自己的新的时机。

西班牙歌手胡里奥·伊格莱西亚斯,演绎的经典名曲涉及各个国家的语言，包括葡萄牙语、法语、英语、意大利语等，他的专辑数量巨多，唱片的销量也高居榜首。这个拥有辉煌成绩的歌星，从小的梦想却是成为皇家马德里队一名出色的守门员。谁也没想到是一份礼物让他走上了音乐之路。一场突如其来的车祸使他躺在了病床上。虽然免于全身瘫痪，但是他已经不能做剧烈的运动。不能做自己心爱的守门员职业，这让胡里奥·伊格莱西亚斯伤心不已。在他复健时，一名医生助理送给他一把吉他，从此他的命运改变了。

胡里奥把弹吉作为他复健的一种手段，在复健中，不断灵活的手指和优美动听的音乐，让胡立欧开始重新定位自己的人生。他的音乐才能得到了唱片制作人的注意，他投资于胡里奥，陆续地推出了拉丁语系列作品的专辑。胡里奥的歌声受到了群众的喜爱与肯定，在此后参加欧洲歌唱大赛时也获得了第一名的好成绩。在欧洲参加歌唱比赛的经历开阔了胡里奥的视野，同时也增加了他在全球范围的知名度。他的歌曲不仅出现在欧洲，在东方国家的歌曲排行榜中也是榜上有名。胡里奥是多语言唱片销售最高纪录保持者，他的音乐魅力已经超越了国界的限制。

梦想的破灭并没有毁灭胡里奥，车祸以后，他用心歌唱，用音乐治愈了车祸带来的心灵创伤，也开启了人生另一段奇妙的旅程。

人生是一个筑梦的过程，我们拥有一个梦想，实现一个梦想，或者因为某种原因放弃梦想。但是人不能因为丢失了梦想而放弃人生的希望。假若你此时失去了梦想，那么就用新的梦想来取代原来的梦想吧。太阳每天落下，第二日照常升起，梦想也是常更常新。人生里的悲哀不是失去了梦想和目标，而是你没有其他可以去追寻的梦。

逆境到了极点就会向顺境转化

四时有更替，季节有轮回，严冬过后必是暖春，这符合大自然的发展规律。在我们人类眼中，事物的发展似乎也遵循着这一条规律。否极泰来、苦尽甘来、时来运转等成语无不反映了人们的一种美好愿望：逆境达到极点就会向顺境转化，坏运到了尽头好运就会来到。所以，我们坚信，没有一个冬天不可逾越，没有一个春天不会来临。这是对生活的信心，也是对生活的希望，有了信心与希望，无论事情多么糟糕，我们也会有面对现实的勇气和决心。

约翰是一个汽车推销商的儿子，他活泼，健康，热衷于篮球、网球、垒球等运动，是中学里一个众所周知的优秀学生。后来约翰应征入伍，在一次军事行动中他所在部队被派遣驻守一个山头。激战中，一颗炸弹飞入他们的阵地，眼看即将爆炸，他果断地扑向炸弹，试图将它扔开。可是炸弹却爆炸了，他被重重地炸倒在地上，当他向后看时，发现自己的右腿右手全部炸掉了，左腿变得血肉模糊，也必须截掉。一瞬间，他想哭，却哭不出来，因为弹片穿过了他的喉咙。人们都以为约翰再也不能生还，但他却奇迹般地活了下来。

是什么力量使他活了下来？是格言的力量。在生命垂危的时候，他反复诵读贤人先哲的这句格言："如果你懂得苦难磨炼出坚韧，坚韧孕育出骨气，骨气萌发不懈的希望，那么苦难会最终给你带来幸福。"约翰一次又一次默念着这段话，心中始终保持着不灭的希望。然而，对于一个三截肢（双腿、右臂）的年轻人来说，这个打击实在太大了！在深深的绝望中，他又看到了一句先哲格言："当你被命运击倒在最底层之后，再能高高跃起就是成功。"

回国后，他从事了政治活动。他先在州议会中工作了两届。然后，他竞选副州长失败。这是一次沉重的打击，但他用这样一句格言鼓励自己："经验不等于经历，经验是一个人经过经历所获得的感受。"这指导他更自觉地去尝试。紧接着，他学会驾驶一辆特制的汽车并跑遍全国，发动了一场支持退伍军人的事业。总统命他担任全国复员军人委员会负责人，那时他34岁，是在这个机构中担任此职务最年轻的一个人。约翰卸任后，回到自己的家乡。1982年，他被选为州议会部长，1986年再次当选。

后来，约翰成为亚特兰城一个传奇式人物。人们可以经常在篮球场上看到他摇着轮椅打篮球。他经常邀请年轻人与他做投篮比赛。他曾经用左手一连投进了18个空心篮。

一个只剩一条手臂的人能成为一名议会部长，能被总统赏识担任一个全国机构的要职，是这些格言给了他力量。同时，他的成功也成了这些格言的有力佐证。

天无绝人之路，生活有难题，同时也会给我们解决问题的能力与方法。约翰之所以能够生存下来并创造事业的辉煌，是因为他坚信人生没有过不去的坎儿，坚信冬天之后春天会来临。他在困难面前没有低头，昂首挺进，直至迎来了生命的春天。

生活并非总是艳阳高照，狂风暴雨随时都有可能来临。但是每一个人都需要将自己重新打理一下，以一种勇敢的人生姿态去迎接命运的挑战。请记住，冬天总会过去，春天总会来到，太阳也总要出来的。度过寒冬，我们一定会生活得更好。

创伤带来彻底改变人生的机遇

没有人喜欢创伤，因为创伤的本质包含着痛苦。事实上，即便是有创伤，我们的创伤依然能愈合，我们的未来依然有希望。

心理学家证明：创伤能带来彻底改变人生的独特机遇，即人类所受到的创伤会带来更好的机会。恰如很多心理学家说的那样：创伤一方面包含着痛苦；另一方面，它能带给人们崭新的成长机遇。

心理学家研究发现，遭受过严重意外、致命的疾病、严重的攻击，甚至是自然灾害等创伤的人们，至少经历以下几种情况中的一种，会让他们产生正面的改变。

人际关系更加和谐

经历了创伤之后，不管是受创者还是其家人、朋友一般都会更加明白人与人之间情的可贵，受创者与其家人、朋友等之间相较以前更容易建立起紧密的关系。他们会意识到自己的生活质量与人际关系息息相关。因此，他们会花更多的时间来建立和发展良好的人际关系。另外，他们会给予遭遇同样创伤或挫折的人更多的关怀和同情，这样在自己的周围自然能够形成一个和谐的气场。

个人的力量不断提升

受过创伤并有幸存活下来的人，通常会在以后的生活中变得更加自强、自主，他们会以更加乐观自信的态度去面对生活中的一切困难。

更懂得感激

伴随着创伤的到来，人们会失去某些东西，而很多东西一旦失去之后，人们方知珍贵，于是，人们才幡然觉醒：原来，那些还留在身边的人或者事才是自己最在乎的。受创者常会感激自己活下来，并且在别人眼里完全被忽略的人或者事，在他们眼里完全就是上天赐给自己的惊喜，受创者反而会更加珍惜。

拥有新的人生信念

如果一个人在46岁的时候，因意外事故被烧得不成人形，4年后又在一次坠机事故后腰部以下全部瘫痪，他会怎么办？你能想象他会变成百万富翁、受人爱戴的公共演说家、扬扬得意的新郎官及成功的企业家吗？你能想象他去泛舟、玩跳伞，在政坛角逐一席之地吗？

米契尔全做到了，甚至有过之而无不及。

在经历了两次可怕的意外事故后，他的脸因植皮而变成一块"彩色板"，手指没有了，双腿如此细小，无法行动，只能坐在轮椅上。

意外事故把他身上65%以上的皮肤都烧坏了，为此他动了16次手术。手术后，他无法拿起叉子，无法拨电话，也无法一个人上厕所。但以前曾是海军陆战队员的米契尔从不认为他被打败了，他说："我完全可以掌握我自己的人生之船，我可以选择把目前的状况看成倒退或是一个起点。"6个月之后，他又能开飞机了！

米契尔为自己在科罗拉多州买了一幢维多利亚式的房子，另外也买了一架飞机及一家酒吧。后来他和两个朋友合资开了一家公司，专门生产以木材为燃料的炉子，这家公司后来变成佛蒙特州第二大私人公司。坠机意外发生后4年，米契尔所开的飞机在起飞时又摔回跑道，导致腰部以下永远瘫痪！"我不解的是为何这些事老是发生在我身上，我到底是造了什么孽，要遭到这样的报应？"

但米契尔仍不屈不挠，日夜努力，使自己能达到最高限度的独立自主。他被选为科罗拉多州孤峰顶镇的镇长，以保护小镇的美景及环境，使之不因矿产的开采而遭受破坏。米契尔后来也竞选国会议员，他用一句"不只是另一张小白脸"的口号，将自己难看的脸转化成一项有利的资产。

尽管面貌骇人、行动不便，米契尔却坠入爱河，同时拿到了公共行政硕士学位，并持续他的飞行活动、环保运动及公共演说。

米契尔说："我瘫痪之前可以做1万件事，现在我只能做9000件，我可以把注意力放在我无法再做好的1000件事上，或是把目光放在我还能做的9000件事上。他告诉大家说，我的人生曾遭受过两次重大的挫折，如果我能选择不把挫折拿来当成放弃努力的借口，那么，或许你们可以从一个新的角度来看待一些一直让你们裹足不前的经历。你们可以退一步，想开一点，然后你们就有机会说：'或许那也没什么大不了的！'"

"或许那也没什么大不了的"，它透着对创伤、对苦难的积极信念。确实，在经历创伤的过程中，多数幸存者会对人生产生和别人不一样的理解，他们能够根据自己的实际遭遇，寻求新的生活目标，重新去诠释生活的意义，并能全新看待自我存在的意义，因而在他们以后的生活中，他们会保持着更强的精神意志或者是信念。

开拓崭新的人生道路

虽然创伤能粉碎一个人的生活，但一个人如果能将创伤的碎片一一拾起来，一一缝合，那么，在重组的过程中，他就能找到新的机会、新的选择，就像上面故事中的米契尔，在一次次创伤后勇敢缝合自己,创造了一次次奇迹。

　　创伤能够为受创者带来更好的转机,这证明了挫折衍生的力量并不是偶然的,而是真实存在的。但是,我们也必须要明白,要找到这个转机,与创伤的类别或者是来源没有关系,而在于我们自己的心态。

第五章
DIWUZHANG

逆境心理控制：一生气你就输了，不抱怨你就赢了

生气不如争气

用愤怒困扰心灵，是一种严重的自戕

托尔斯泰曾经说过："愤怒对别人有害，但愤怒时受害最深者乃是本人。"

心态不平和的人经常不能控制自己的怒气，为了生活中大大小小的事情勃然大怒。表面上看，愤怒是由于自己的利益受到侵害或者被人攻击而激发的自尊行为，其实，用愤怒的情绪困扰心灵，实际上是一种最不明智的自我伤害。

正如思想家蒲柏所说："愤怒是由于别人的过错而惩罚自己。"我们愤怒于别人的言行，让愤怒占据了大部分的灵魂空间，灵魂负载着重担，再无法关照自身，更不能得到任何形式的提升，反而在愤怒情绪的支配下更加容易丧失理智，甚至于越来越远离人的高贵，接近于动物的蒙昧和愚蠢。

让我们愤怒的人与事依然故我，他们继续做着自己的事，享受着愉悦的心情；而我们自己却因为愤怒无法专注于眼前的工作，不能很好地履行自己的职责。更可惜的是，我们只顾着愤怒，而无暇体验生命中原本存在的其他美和善。

别人的一些行为真的就那么不可原谅吗？不是，折磨我们的是自己的愤怒情绪，而非别人的一些行为。不管面对别人怎样的行为，控制自己的愤怒情绪，从而避免让灵魂受到伤害，完全是在我们的力量范围之内的。

有一位得道高人曾在山中生活三十年之久，他平静淡泊，兴趣高雅，不但喜欢参禅悟道，而且也喜爱花草树木，尤其喜爱兰花。他的家中前庭后院栽满了各种各样的兰花，这些兰花来自四面八方，全是年复一年地积聚所得。大家都说，兰花就是高人的命根子。

这天高人有事要下山去，临行前当然忘不了嘱托弟子照看他的兰花。弟子也乐得其事，上午他一盆一盆地认认真真浇水，等到最后轮到那盆兰花中的珍品——君子兰了，弟子更加小心翼翼了，这可是师父的最爱啊！他也许浇了一上午有些累了，越是小心翼翼，手就越不听使唤，水壶滑下来砸在了花盆上，连花盆架也碰倒了，整盆兰花都摔在了地上。这回可把弟子给吓坏了，愣在那里不知该怎么办才好，心想：师父回来看到这番景象，肯定会大发雷霆！他越想越害怕。

下午师父回来了，他知道了这件事后一点儿也没生气，而是平心静气地对弟子说了一句话："我并不是为了生气才种兰花的。"

弟子听了这句话，不仅放心了，也明白了。

不管经历什么事情，我们都要制怒，在脉搏加快跳动之前，凭借理智平静自己。想一想，如果惹你生气的人犯的错误是由于某种他们不可控的原因，你为什么还要愤怒呢？

有人说生气是拿别人的错误惩罚自己，实际上，我们完全可以享受不生气的活法。著名的心理学家威廉姆斯夫妇曾经研究出一套快速评估自己的愤怒情绪然后采取对策的方法。这套方法可以帮助我们有效地克服愤怒情绪，让我们过不生气的日子。

1. 合适吗？想想你会怎样向朋友描述这件事。他或其他任何理智的人会做同样的反应吗？

2. 可以改变吗？坏天气、糟糕的交通、停电的确叫人恼火，但这些是你无法控制的。如果情况可以改变，要拿出具体的合理要求来进行改进。

3. 值得吗？威廉姆斯教授指出："如果你的答案是值得，那么现在就该决定你要的到底是什么。"但是，即使你肯定你发火是有道理的，是值得的，也不要气势汹汹，而应该采取解决问题的态度，找到解决问题的方法。

发怒只能让事情变得越来越糟

如果你很容易发怒的话，那么就说明你可能有一些还难以解决的问题压在心头。你就需要找出这些问题，然后设法摆脱它们，继续前进。

有一次，有位管理员为了表示他对富兰克林一个人在排版间工作的不满，把屋里的蜡烛全部收了起来。有一天，富兰克林到库房里赶排一篇准备发表的稿子，却怎么也找不到蜡烛了。

富兰克林知道是那个人干的，忍不住跳起来，奔向地下室，去找那个管理员。当他到那儿时，发现管理员正忙着烧锅炉，他吹着口哨，仿佛什么事情也没发生。

富兰克林抑制不住愤怒，对着管理员就破口大骂。5分钟后，他实在想不出什么骂人的语句了，只好停了下来。这时，管理员转过头来，脸上露出开朗的微笑，并以一种充满镇静与自制的声调说："呀，你今天有些激动，是吗？"

他的话就像一把锐利的短剑，一下子刺进了富兰克林的心里。

富兰克林的做法不但没有为自己挽回面子，反而增加了他的羞辱。他开始反省自己，认识到了自己的错误。

富兰克林知道，只有向那个人道歉，内心才能平静。他下定决心，来到地下室，把那位管理员叫到门边，说："我回来为我的行为向你道歉，如果你愿意接受的话。"

管理员笑了，说："你不用向我道歉，没有别人听见你刚才说的话，我不会把它说出去的，我们就把它忘了吧。"

这段话对富兰克林的影响更甚于他先前所说的话。他向管理员走去，抓住他的手，使劲握了握。他明白，自己不是用手和他握手,而是用心和他握手。

在走回库房的路上,富兰克林的心情十分愉快,因为他鼓足了勇气,化解了自己做错的事。

从此以后,富兰克林下定了决心,以后决不再失去自制,因为凡事以愤怒开始,必以耻辱告终。你一旦失去自制之后,另一个人——不管是一名目不识丁的管理员,还是有教养的绅士,都能轻易地将你打败。

在找回自制之后,富兰克林身上发生了显著的变化,他的笔开始发挥更大的力量,他的话也更有分量,并且结交了许多朋友。这件事成为富兰克林一生当中最重要的一个转折点。成功后的富兰克林回忆说:"一个人除非先控制自己,否则他将无法成功。"

愤怒是一种情绪状态,按照强度不同可分为轻微的愤怒、强烈的愤怒,甚至暴怒。

在日常生活中,引起愤怒的原因很多,每个人都不可避免地会产生愤怒的情绪体验。愤怒是一种有害的情绪状态,常常会给人带来意想不到的麻烦,如导致同学关系疏远、师生关系紧张,而且长期、持续的愤怒对个体的健康损害也是极大的。因此,控制愤怒的情绪十分重要。

事实上,学会舒缓愤怒,也是一个人高情商的表现。养身贵在戒怒,戒怒就是养怡身心,尽量做到不生气、少生气,性情开朗,心胸开阔,宽厚待人,谦虚处世。这样不仅有益于身心健康，也利于提高自己的道德修养和思想水平，于人于己都有益。

以下几种方法，可以帮助你平息愤怒的火焰。

深呼吸

深呼吸后，氧气的补充会使你的躯体处于一种平衡的状态，情绪会得到一定程度的控制。虽然你仍然处于兴奋状态，但你已有了一定的自控能力，数次深呼吸可使你逐渐平静下来。

幽默一下又何妨

在愤怒情绪一触即发的危险关头，你可以用自嘲的方法，从自己多疑的性情中寻找乐趣，幽默是制怒的最好手段。

转移视线

用其他方法也可消除心中愤怒，如通过一些活动来转移愤怒的情绪，做运动、听音乐、与人倾诉等都不失为好的方法。

学习忍耐及宽容

遇事持宽宏大量的态度，可止息心中的怒火，化怒火为祥和。学会宽容，放弃怨恨和惩罚，你会发现，将愤怒的包袱从双肩卸下来，你会轻松很多，心中一片明朗、平静无波，生活自然会变得无限美好。

工作中的折磨使我们不断超越自我

很多人都埋怨自己工作辛苦，埋怨老板和上司对自己的折磨，殊不知，唯有折磨才能使你不断超越自我、不断进步。

一个人不但要接受他所希望发生的事情，而且还要学会接受他所不希望发生的事情。要适应现实，接受任何不可改变的事实，心平气和，以平常心面对周围所发生的一切，而不是唉声叹气，自寻烦恼，更不要企求社会来适应你，奢望世界为你一人而改变，这是不可能实现的空想。在困难面前，如果你能承受折磨，你将会赢得长足发展；如果你不能忍受，那么等待你的也许就是被社会淘汰。

一位年轻人毕业后被分配到北京某研究所，终日做些整理资料的工作，时间一久，觉得这样的工作索然无味。恰好机会来了，一个海上油田钻井队来他们研究所要人，到海上工作是他从小就有的梦想。领导也觉得他这样的专业人才待在研究所光整理资料太可惜，所以批准他去海上油田钻井队工作。在海上工作的第一天，领班要求他在限定的时间内登上几十米高的钻井架，把一个包装好的漂亮盒子送到最顶层的主管手里。他拿着盒子快步登上高高的、狭窄的舷梯，最后气喘吁吁、满头是汗地登上顶层，把盒子交给主管。主管只在上面签下自己的名字，就让他送回去。他又快跑下舷梯，把盒子交给领班，领班也同样在上面签下自己的名字，让他再送给主管。

他看了看领班，犹豫了一下，又转身登上舷梯。当他第二次登上顶层把盒子交给主管时，浑身是汗，两腿发颤，主管却和上次一样，在盒子上签下名字，让他把盒子再送回去。他擦擦脸上的汗水，转身走向舷梯，把盒子送下来，领班签完字，让他再送上去。

这时他有些愤怒了,他看看领班平静的脸,尽力忍着不发作,又拿起盒子艰难地一个台阶一个台阶地往上爬。当他上到最顶层时,浑身上下都湿透了,他第三次把盒子递给主管,主管看着他,傲慢地说:"把盒子打开。"他撕开外面的包装纸,打开盒子,里面是两个玻璃罐,一罐咖啡,一罐咖啡伴侣。他愤怒地抬起头,双眼喷着怒火,射向主管。

主管又对他说:"把咖啡冲上。"年轻人再也忍不住了,叭的一下把盒子扔在地上:"我不干了!"说完,他看看倒在地上的盒子,感到心里痛快了许多,刚才的愤怒全释放出来了。

这时,这位傲慢的主管站起身来,直视着他说:"刚才让你做的这些,叫作承受极限训练,因为我们在海上作业,随时会遇到危险,要求队员身上一定要有极强的承受力,承受各种危险的考验,才能完成海上作业任务。可惜,前面三次你都通过了,只差最后一点点,你没有喝到自己冲的甜咖啡。现在,你可以走了。"

这位年轻人可能自己也没有想到,领导和主管对自己的折磨是一种考验,更是一种锻炼,经过这些考验之后,他的能力和意志力都会得到极大的提高。

的确,在工作中,每个人都渴望肯定,但现实是,工作中不可能只有肯定,更多的是否定。肯定对于每个人的成长很重要,但是一个人不光要成长,还要成熟,而成熟,往往就来自折磨。

当别人对我们提出在你看来不合理的要求时,当别人对我们否定时，当我们做了自己并不愿意做的事情时……如果我们能够忍受这些折磨，甚至珍惜这份折磨，也就意味着成功的开始。

一个长期在公司底层挣扎、时刻面临失业危险的中年人被老板叫到办公室。他回来后向同事抱怨："老板居然派我去海外营销部，像我这样一大把年纪的人，怎么能受这样的折磨呢？"他神情激动，抱怨老板给他的任务。

同事小杨回答道："为什么你会认为这是折磨，而不认为是公司锻炼你的一个机会呢？"

中年人回答道："你难道没看出来，老板纯粹就是整我。公司本部有那么多的职位，为什么不提升我，而让我这么一大把年纪的人去受那份罪呢？"

最后，他放弃了老板给他的机会，而小杨却主动向老板请缨，说自己愿意去海外营销部接受锻炼。

一年后，小杨回国，他已经完全能胜任自己的工作，受到了老板的倚重。

和故事中的中年人一样，职场上，有很多员工老是一味地要求单位和领导肯定自己，却害怕别人折磨自己。在他们眼里，只有迁就自己，肯定自己，才算是有人情味。如果单位对自己要求多一点，甚至是合理的锻炼多一点，他们就会认为这些锻炼就是折磨，而领导就是不人道。

其实，很多的时候，领导愿意敲打你，愿意折磨你，说明他觉得你还是个可造之才，敲打敲打培养培养，你会更有前途。如果你是一块不可雕的朽木，领导只会觉得你无足轻重，他才懒得下功夫敲打你，因为那只是在浪费他的时间。

所以，情记住，在职场上，千万不要害怕领导的"折磨"。不要害怕那双敲打你的手，因为有人愿意敲打你，是一种幸运，就怕你连挨批评挨敲打的资格都没有。

愤怒暴露的正是你的软弱

一般来说，生活中大多数人的情绪都比较稳定，面对某些突发事件，可以适当调整自己的情绪，控制自己过于激动的心情。但有些人则不具有这种能力，平日里脾气就很火暴，遇事更为冲动。

无论对他人还是自己，愤怒都不是一件好事，因为人们在愤怒时往往会铸下大错。愤怒伴随而来的是神经过于激动，神经激动是在突然刺激下血液加速循环产生的紧张、焦虑、愤怒等情绪。很多人也是在这种情绪下犯下难以弥补的错误。

有一对新婚夫妇，刚结婚没几天，丈夫就被领导派到外地去出差，剩下妻子一人在家形影相吊，很是孤单。妻子心里很是不悦，这幸福的生活还没开始，就尝尽了相思的苦，一个人独守空房，更别提蜜月旅行了。

刚开始，妻子试着去理解丈夫。可丈夫实在是太忙了，每天只能通个电话，由于工作繁重，疲惫得话都不想说，妻子感觉丈夫对自己不关心。特别委屈。整整半个月，妻子的心情就不好，莫名地心烦。

终于，妻子等到了丈夫的归期，丈夫决定好好陪陪妻子过个周末，妻子也满心欢喜。两人约好一起过周末，谁都不能谈工作。可到了周末的晚上，丈夫却因为临时有应酬没能按时回家。

妻子做好饭，在久等之下打电话寻找却无人接听。妻子当时就气不打一处来，想想婚后这些日子，丈夫对自己再也不像以前。于是，晚上丈夫回来后，妻子说出了一些过激的言语，丈夫也不相让。两人发生争执，甚至大打出手。

妻子受不了丈夫动手打她的行为，当晚离家出走。第二天就向丈夫提出离婚，这使丈夫更加愤怒，离就离，谁离了谁还不能过？立即签字同意离婚。于是，两人三年的感情就这样结束了。

在这件事情中，丈夫未归属于突发事件，而最重要的就是认知过程，在长久的等待下产生的焦虑、担心、猜疑，种种情绪加在一起使妻子在丈夫回来后失去了理智沟通的能力，从而使一件很小的事情上升为一场战争，最后竟然导致婚姻的失败。

愤怒会让你贬低对方，愤怒也会让你在情感的天平上占据上风。当你愤怒的时候，你会感到自己强大而充满力量。你会觉得，与发泄对象相比，你无疑是一个"更好"的人，你比发泄对象甚至要好上上千倍，因为你认为自己是完全正确的，而对方则是错误的甚至是一无是处的。

战胜了你的对手，或许在别人看来你是一个强大的统治者。

看起来，你似乎希望通过表明你现在的正确性毋庸置疑，以弥补先前的错误和虚弱。然而事实上，愤怒所显露的正是你的软弱，正是你的缺点，它会让你固执、冲动，让你完全失去控制。它会促使你过分贬低对方，作出愚蠢的决定，这样不仅会使你浪费时间和精力，还会让你被你所恨的人困扰，失去朋友，与你所爱的人对立，去做一些疯狂的、具有破坏性的，甚至是犯罪的事情。

心理专家指出，生气是一种正常的情绪反应，但是我们要学会如何转化愤怒的情绪，不让自己因为愤怒情绪而受到伤害。但有人处理愤怒情绪的方式却往往是不健康的。下面为大家列出处理愤怒的几种常见的错误，并提供解决方法。希望大家可以找到合理的发泄方法，保持好心情。

压抑情绪

有人是明明生气，却刻意压抑，不让坏情绪发泄出来。生气是正常的，不要刻意压抑怒气。如果你觉得内心压抑，又不想把这种感受随便讲给他人，那就将这种感觉写到日记上。

误会别人

有人之所以觉得委屈，是因为觉得自己是对的。其实你根本不了解别人的真实感受，为何不试着换个角度看待问题。当然，矛盾与冲突不是单方面的原因，接受自己和他人不完美的事实，不要过度挑剔。

迁怒于别人

有的人生气时，总是习惯把这种怨气撒到亲近的人身上，哪怕这些人与他生气的原因不相干。这种方式最不可取，不仅解决不了问题，还会伤害爱你的人。这时，你最好问问自己究竟是对谁生气。与其到处撒气不如寻求其他人的力量支持，直接面对引起愤怒的来源。

发怒不是处理困难的唯一选择

过去的人们，会为了吃不饱、穿不暖而感觉痛苦。现在我们很少会再为衣食而忧愁，让我们不快乐的，只有自己。愚蠢的人会深陷怒火不能自拔，而聪慧的人会巧妙地化解怒火，不让嗔怒之火烧伤自己。

有位妇人经常为一些琐碎的小事生气，她也知道这样不好，便去求一位高僧为自己谈禅说道，开阔心胸。

高僧听了她的讲述，一言不发，把她领到一座禅房中，上锁而去。妇人气得跳脚大骂。骂了许久，高僧也不理会。妇人转而开始哀求，高僧仍不听。妇人终于沉默了。高僧来到门外，问她："你还生气吗？"

妇人说："我只为我自己生气，我怎么会到这个地方来受罪呢？"

"连自己都不能原谅的人，怎么能心如止水？"高僧拂袖而去。

过了一会儿，高僧又问她："还生气吗？"

"不生气了。"妇人说。

"为什么？"

"生气也没有办法呀！"

"你的气并没有消，还压在心里，爆发后，将会更加剧烈。"高僧又离开了。

高僧第三次来到门前，妇人告诉他："我不生气了，因为不值得生气。"

"还知道不值得，可见心里还有衡量的标准，还是有'气根'。"高僧笑道。

当高僧的身影迎着夕阳立在门口时，妇人问他："大师，什么是气？"

高僧将手中的茶水倾洒到地上。

妇人看了一会儿，突然有所感悟。于是，她叩谢而去。

这位妇人之前总以为嗔怒是多么难以克制的事情，殊不知，怒气因事而生，只要用一颗宽容、豁达的心去面对世间的人与事，那么生活中就会除却很多烦恼，将怒火消灭于无形。

其实很多时候，发怒不是处理生活困难的唯一选择，发怒对于解决问题没有任何帮助，只能火上浇油，使事情变得更糟糕。如果换一种淡定的心态或者是换一种更好的方法去解决问题，反而能收到更好的成效。

弘一法师在教音乐课时遇到过这种情况：

学生们上课偶有出格之举，有一个人上音乐课时不唱歌而看别的书，并随地吐痰。他以为李先生看不见，其实老师都知道，但是他并不立刻责备。

下课后，李先生用很轻而严肃的声音郑重地对他说："等一等再出去。"等到别的同学都出去了，教室里就他们师生二人在，李叔同再次用他那轻而严肃的声音向这位同学和气地说："下次上课时不要看别的书。下次痰不要吐在地板上。"说完之后，他还会微微一鞠躬，表示"你出去罢"。

被教育的学生心悦诚服。

对于学生上课出格的行为，弘一法师并没有发怒，而是在课后找捣乱的学生心平气和地谈话。这招确实挺管用的，比在课堂上发作效果好多了。

嗔怒是一把伤人利刃，刀刃朝向的是你自己。所以做人不要为嗔怒之火纠缠，要学会宽容和从容。

不抱怨，把握人生的分寸感

抱怨只是推卸责任

不管走到哪里，你都能发现许多才华横溢的失业者。当你和这些失业者交流时，你会发现，这些人对原有工作充满了抱怨、不满和谴责。要么就怪环境条件不够好，要么就怪老板有眼无珠，不识才，总之，牢骚一大堆，积怨满天飞。殊不知，这就是问题的关键所在——抱怨的恶习使他们丢失了责任感和使命感。他们只寻找不利因素、寻找借口，与实干相比，他们更愿意花大把的时间推卸责任。可他们不明白，抱怨只能使自己发展的道路越走越窄，一个人只能在自己的抱怨声中不断退步。

我们可以发现，几乎在每一个公司里，都有"牢骚族"或"抱怨族"。他们每天轮流把"枪口"指向公司里的任何一个角落，埋怨这个、批评那个，而且从上到下，很少有人能幸免。他们的眼中处处都能看到毛病，因而处处都能看到或听到他们的批评、发怒或生气。

本来他们可能只是想发泄一下，但后来却一发而不可收。他们理直气壮地数落别人如何对不起他们，自己如何受到不公平待遇等，牢骚越讲越多，使得他们也越来越相信，自己完全是遭受别人践踏的牺牲品。不停抱怨的"牢骚族"，只会妨碍和干扰自己的阵脚，终究受害最大的还是自己。

事实上，你很难找到一个成功人士会经常大发牢骚、抱怨不停，因为成功人士都明白这样的道理：抱怨如同诅咒，越抱怨越退步。

于强在一家电器公司担任市场总监，他原本是公司的生产工人。那时，公司的规模不大，只有30多人，有许多市场等待开发，而公司又没有足够的财力和人力，每个市场只能派去一个人，于强被派往西部的一个市场。

于强在那个城市里举目无亲，吃住都成问题。没有钱坐车，他就步行去拜访客户，向客户介绍公司的电器产品。为了等待约好见面的客户，他常常顾不上吃饭。他租了一间破旧的地下室居住，晚上只要电灯一关，就有老鼠在那里"载歌载舞"。

那个城市的气候不好，春天沙尘暴频繁，夏天时常暴雨，冬天天气寒冷，这对于于强来说简直就是一个巨大的考验。公司提供的条件太差，远不如于强想象的那样。有一段时间，公司连产品宣传资料都供应不上，好在于强写得一手好字，自己花钱买来复印纸，用手写宣传资料。在这样艰苦的条件下，不抱怨几乎是不可能的，但每次抱怨时，于强都会对自己说："开拓市场是我的责任，抱怨不能帮助我解决任何问题。"他选择了坚持下来。

一年后，派往各地的营销人员都回到公司，其中有很多人早已不堪忍受工作的艰辛而离职了。而于强凭着自己过硬的业绩当上了公司的市场总监。

即使在恶劣的环境下，于强也没有选择抱怨，对自己工作的坚持，使他在进步的阶梯上得到了飞速发展。一名员工，无论从事什么工作都应当选择不抱怨的态度，应该尽自己的最大努力去争取进步。把不抱怨的态度融入自己的本职工作中，你才能不断地进步，才能得到社会的认可，受到老板的青睐。

你能否让自己在公司中不断得到进步，完全取决于你自己。如果你永远对现状不满，以抱怨的态度去做事，那你在公司的地位永远都不能变得更加重要，因为你根本就不能做出重要的成绩。

抱怨的人很少积极想办法去解决问题，不认为主动独立完成工作是自己的责任，却将诉苦和抱怨视为理所当然。任何一个聪明的员工都应该明白这样的道理：一个人一旦被抱怨束缚，不尽心尽力，在任何单位里都会自毁前程。如果希望改变一下自己的处境，希望自己能够取得不断的进步，那么首先从不抱怨自己的工作开始吧。

认真地过好那些难过的日子

经济不景气,大学生刚毕业就待业;裁员、下岗、减薪……这些词语每天都充斥在工薪阶层的耳旁,扰得人们寝食难安;消费水平提高、物价上涨、孩子上学问题、户口问题……面对如此艰难的处境,人们不禁感叹:"这日子真的是没法过了。"

艰难的日子虽然让人焦头烂额,可是我们却没有办法选择别样的生活。既然改变不了,那么不如我们就冷静地接受,并认真地把每一天都过好,这样也许我们就会有很多意外的收获,我们再也不会觉得生活痛苦了。

王宝强曾经在少林寺里生活了6年,因为克制不住内心梦想之火的燃烧,就决定出少林"闯荡江湖"了。他从少林寺伙房师傅的口中得知很多师兄弟都去了北京做武打替身,可以拍电影,还可以和很多大明星接触……被外面五彩缤纷的生活所吸引,也被心中的梦想所牵引,于是王宝强来到北京,开始了所谓的"北漂生活"。

实际上,我们可以想象得到,像王宝强这样没有什么学历和文凭的人,在"北漂"中注定是不能气定神闲的。他曾经自己回忆:"那个时候住排房,屋子很小,夏天非常拥挤,五六个师兄弟挤在一个炕上。不过房租很便宜,一个月一百块,每个人每月也就二十块钱的租金。"可是,就算你有一身好武功,也要有戏演才能维持生活。而实际上,只凭当替身的那点拳脚费,几乎无法维持生活。于是，那个时候的王宝强，几乎是"替身和民工"并存。

生活的艰难并没有使王宝强灰心，不管生活多难，他都咬紧牙关坚持着。接下去的两年里，他忽然和家里失去了联系。在一次访谈中，王宝强的哥哥说："他到了北京忽然和家里失去了联系，信也没有，电话也没有。差不多将近两年的时间。我妈妈想他都快得病了。他忽然有一天打电话回来，说自己得了大奖，开始我们都还不信呢……"

王宝强的确曾经和家里失去联系，他说："那个时候没有钱，就是没钱打电话。""而且也不想打，没混出来个人样，觉得没法跟家里交代，没脸和家里人说。"就在那样孤独、艰难的岁月里，王宝强一面做"武替"，一面做民工，才勉强维持了自己的生活。有时候"武替"一天有几十块钱，有时候就只有一顿盒饭，可是即便这样，王宝强也觉得挺好的，来了北京，能吃饱，还能长见识。

很多师兄都劝他："宝强，咱回去吧。你说咱们武功也一般，长得也不好，还没什么文化，哪有导演愿意要咱们这样的呀。不是每个人都有李连杰那样的好运气的。"可是，倔强的王宝强就是不肯认输，抱定了"再难也要坚持下去"的观点，坚决要留在北京打拼。

不知道是不是因为他"愚公移山"的精神感动了上帝，好运终于飘然降临了。

李扬导演相中了他，电影《盲井》中的优秀表演让他一举成名，并荣获了当年金马奖最佳新人奖。随后，冯小刚导演找到了他，他和中国最优秀的几个影视演员一同出演了《天下无贼》。那个憨厚的"傻根"让人们一下子记住了他的名字。王宝强的星途从此一帆风顺。

很多人认为王宝强之所以能越来越好，是因为他太幸运了。可是王宝强却说："我并不是幸运的一个，能够有今天的成绩，是因为我一直没有放弃，尽管日子很难过，但是我一直在认真地把每一天过好。"

在生活中，我们每个人都会遇到各种各样的磨难和考验，只有能够认真过日子的人，才能在最后的关头突破自己，创造生活的奇迹。其实，生活给予我们每个人的机会都是相同的，越是艰难的岁月，就越能提供给我们进步的空间。所以，不要总是抱怨日子不好过，只要我们坚持，认真地过好每一天，我们就能抓住希望。

走进不抱怨的世界，成为"阳光使者"

据说，在法国一个偏僻的小镇上有很灵验的泉水可以医治百病。有一天，一个少了一条腿、拄着拐杖的退伍军人很吃力地走过镇上的马路，旁边的人看到他，不禁说道："可怜的人啊，他一定在抱怨上帝，为什么不再给他一条腿？"

恰巧这句话让退伍军人听到了,他说:"我没有抱怨上帝为什么不能再给我一条腿,只是想请他帮助我,让我知道在没有了一条腿的情况下应该如何更好地生活。"

生活总是现实的。这个军人之所以没有抱怨、没有绝望,是因为他知道自己并没有失去一切,他怀有一颗感恩的心。心怀感恩,生活中才会少一些怨恨和烦恼。其实,只要我们愿意扭转思维方向,地狱也能变成天堂。

在我们身边总是有抱怨的声音,怀着抱怨态度的人对所有的事物极尽挑剔:工作时间太长、午休时间太短、上司太啰唆、假期太短、福利太差,甚至是无关紧要的事也让他们抱怨连天。

为什么有人抱怨自己活得很累,而有的人觉得很轻松?为什么有的人觉得这个世界很丑恶,又有的人觉得这个世界很美好?这都源于不同的心态。

1972年,新加坡旅游局给当时的总理李光耀打了一份报告。大意是说,我们新加坡不像埃及有金字塔,不像中国有长城,不像日本有富士山,不像夏威夷有十几米高的海浪。我们除了一年四季直射的阳光,什么名胜古迹都没有,要发展旅游事业,实在是巧妇难为无米之炊。

李光耀看过报告,非常气愤。据说,他在报告上批了这么一行字:你想让上帝给我们多少东西?阳光,阳光就够了!后来,新加坡利用那一年四季直射的阳光种花植草,在很短的时间里,发展成为世界上著名的"花园城市",连续多年,旅游收入列亚洲第三位。

与旅游局长心存抱怨形成鲜明对照的是,李光耀总理心存感恩。即使是一缕阳光,那也是上天的恩赐,新加坡正是抓住了阳光,做大了阳光产业,从而发展成为亚洲"四小龙"之一。

一个国家如此,一个员工也应如此,一定要心怀感恩:对自己的工作环境充满感激,对自己的老板充满感激,对自己的同事充满感激。

有的人会抱怨工作,诸如今天遇到比较烦的事务,比较难沟通的客户,但如果你换个角度想想,假如你把比较烦的事情都做好了,比较难沟通的客户都协调好了,那说明你的业务水平又提高了,你又有进步了。如果始终用积极乐观的心态去做事,相信从此你会变得多几分快乐,少几分抱怨。

让我们走进一个不抱怨的世界,每天抽出一点时间,为自己目前所拥有的一切而感恩,做一个名副其实的"阳光使者"吧。

接受已发生的事,是克服不幸的第一步

喜怒哀乐,乃人之常情,无可非议,但如果不能很好地加以控制,听之任之,则会成为人生成功的一大障碍。

生活之中,我们感受周围的事物,形成我们的观念,作出我们的判断,无一不是由我们的心灵来进行。然而,不好的情绪常常折磨我们的心灵,使我们出现种种偏差。因此,成功的人能成

功地驾驭情绪,而失败的人让情绪驾驭,把许多稍纵即逝的机会白白浪费。

一位很有名气的心理学教师,一天给学生上课时拿出一只十分精美的咖啡杯。当学生们正在赞美这只杯子的独特造型时,教师故意装出失手的样子,咖啡杯掉在水泥地上成了碎片,学生中不断发出惋惜声。教师指着咖啡杯的碎片说:"你们一定对这只杯子感到惋惜,可是这种惋惜也无法使咖啡杯再恢复原形。如果今后在你们生活中发生了无可挽回的事时,请记住这破碎的咖啡杯。"

这是一堂很成功的素质教育课,学生们通过摔碎的咖啡杯懂得了:覆水难收,徒悔无益。人在无法改变失败和不幸的厄运时,与其沉沦抱怨,不如接受它、适应它。

被称为世界剧坛女王的拉莎·贝纳尔在一次横渡大西洋途中,突遇风暴,不幸从甲板上滚落,足部受了重伤。当她被推进手术室,面临锯腿的厄运时,突然念起自己所演过的一段台词。记者们以为她是为了缓和一下自己的紧张情绪,可她说:"不是的!是为了给医生和护士们打气。你瞧,他们不是太正儿八经的了吗?"

威廉·詹姆斯说:"完全接受已经发生的事,这是克服不幸的第一步。"接受无法抗拒的事实,既然是第一步,那么有没有第二步?有。拉莎手术圆满成功后,她虽然不能再演戏了,但她还能讲演。她的讲演,使她的戏迷再次为她而鼓掌。

拉莎·贝纳尔在面对无法抗拒的灾难时，能跳出抱怨的圈子，又跨上一个新的里程，这就是她的情绪转换器在起作用。

任何人遇上灾难，情绪都会受到影响，这时一定要操纵好情绪的转换器。面对无法改变的不幸或无能为力的事，就抬起头来，对天大喊："这没有什么了不起，它不可能打败我。"或者耸耸肩，默默地告诉自己："忘掉它吧，这一切都会过去！"

情绪是可以调适的，只要你操纵好情绪的转换器，随时提醒自己，鼓励自己，你就能让自己常常有好情绪。那么，当坏情绪突然来临时，如何操纵好情绪的转换器呢？下面的方法可以供你参考：

散散步，把不满的情绪发泄在散步上，尽量使心境平和，在平和的心境下，情绪就会慢慢缓和而轻松。

最好的办法是用繁忙的工作去补充、转换，也可以通过参加有兴趣的活动去补充、去转换。如果这时有新的思想、新的意识突然冒出来，那些就是最佳的补充和最佳的转换。

一个能控制自己情绪的人，就是一个能够把握自己命运的人。这种巨大的力量可以实现他的期待，达到他的目标。如果一个人能够掌握好情绪的转移，并引导自己朝着目标前进，那么所要面对的一切困难，都会迎刃而解。

停止抱怨,拿出解决方案

当我们的生活或工作中出现问题时,你首先要想到如何去解决,而不是简单地推给他人。通过听取他人的意见,通过研究分析,考虑过可能解决的办法,提出解决问题的方案,这样的做事态度才能解决问题。

有的人看见了问题,只知道抱怨,结果自己也成为这个问题的一部分,而有的人看见了问题便想方设法寻找解决之道。让自己成为问题的主人,还是向问题妥协、让自己成为问题的一部分,其决定权完全在你手中。

1861年,当美国内战开始时,林肯总统还没有为联邦军队找到一名合适的总指挥官。

林肯先后任用了4名总指挥官,而他们都能在失败后,说出种种己方不得利的情况,却没有一个人真正找出解决问题的方案。直到格兰特的出现,他总是办法挽救不利的局面,并向敌人进攻,打败他们。格兰特赢得了林肯总统的器重。

从一名西点军校的毕业生,到一名总指挥官,格兰特升迁的速度几乎是直线的。在战争中,那些能圆满完成任务的人最终会被发现、被任命、被委以重任,因为战场是检验一个士兵、一个将军到底能不能出色完成任务的最佳场所。

在格兰特将军担任联邦军队总指挥官的期间,纽约方向派了一个牧师代表团到白宫求见林肯,要求撤换格兰特。林肯耐心地听他们讲了一个小时。然后林肯说:"诸位还有话要说吗?"代表们说:"没有了。"

于是,林肯问道:"诸位先生,你们讲得很好,我想请你们告诉我,格兰特将军喝的酒是什么牌子的?"大家回答说:"不知道。"林肯说:"这太令人遗憾了。如果你们能告诉我是什么牌子,我将派人购买该牌子的酒10吨,送给那些没有打过胜仗的将军,好让他们也像格兰特一样打几场胜仗!"为什么林肯总统这么器重格兰特?

在当时的局势下,联邦军队大部分的将领一直在打败仗,他们甚至差点被南方军队打到华盛顿。他们中间没有一个人敢于主动进攻,更没有一个人能像格兰特那样:当他还是上校时,他就开始打胜仗;当他升为陆军准将时,他还是在打胜仗;当他升为少将时,他仍然在打胜仗。他打胜仗越来越多,规模也越来越大。他总是能利用手中的有限的军队、有限的武器,创造战场上的最大胜利。

在后来格兰特升为联邦军队的总指挥后,他更创造了战争史上一个又一个的奇迹。他本人也被称为"战场上的医生"。而格兰特以他非凡的执行力赢得了林肯的信任。林肯在后来的评价中也曾说道:"格兰特将军是我遇见的一个最善于完成任务的人。"

在林肯心中,格兰特将军是一个善于找方法,克服困难的人,而不是一个只会找借口、提困难的下属。我们中的一些人,太注重描述碰到的问题,以至于忽视了自己还可以想出解决办法。

第六章

逆境心理调节：
别让情绪毁了你，别让压力压垮你

不怕,才有机会成赢家

直面内心的恐惧

我们的生命伴随着恐惧而成长。这样的经历你一定也曾有过:在我们年幼的时候,我们总有一种被父母遗弃的恐惧,总是想把他们锁定在自己的视线之内;在漆黑的夜晚,我们总是不敢一个人出门,总会竖起耳朵专心地倾听黑暗中的各种响动;不论在课堂上,还是在会议上,当所有的目光都集中在自己的身上时,我们的血液开始涌向脑门,紧张得语无伦次,不知所云,甚至小腿发软,内心忐忑不安;我们总是担心别人的目光,害怕他人的评价,害怕他人对我们的身材、长相、言谈举止作出负面的评价;受到了挫折,被他人欺骗,我们总是认为这个世界上没有可以信赖的人,每个人都对自己充满恶意;意外的灾难中,我们的亲人、朋友遭受了巨大的不幸,甚至被死神带走了生命,每次提及此事,我们都痛不欲生,对往事万分恐惧……

事实上，或许很多事情根本没有我们想象得那么恐惧，或者说很多时候，我们只是在自己吓唬自己。如果一个人总是喜欢吓自己，那么，他的处境就会越来越糟糕。

恐惧让我们的心情低落，始终处于失望之中。在恐惧的压力下，我们失去了行动的勇气和力量，无法集中精神坚持我们所要做的事情。因此，我们要走出失望，就必须要消除恐惧，而消除恐惧的唯一办法就是直面内心的恐惧。

约翰曾经是美国军队的一名牧师。第二次世界大战的时候，他乘坐的飞机被敌军击落，约翰跳伞落到了新几内亚高山的丛林里。他当时害怕极了，但是约翰知道，恐惧有两种，正常的恐惧感和不正常的恐惧感。此时，试图控制住他的，正是那一种不正常的恐惧感。他决定立刻消除这种恐惧心理。他想起一句话：当你感到害怕的时候，要勇敢地面对恐惧，盯着它看，直视它的眼睛，那时，恐惧自然就会慢慢败退消失。于是他对自己说："约翰，你不能向恐惧投降，你所渴望的是安全获救，你会有出路的。"他站在一条小路上，让自己的呼吸平静下来。当他感到放松下来的时候，他便开始祈祷了："无限智能啊，你将飞机引到了这条路上来，现在，你将引导我走出丛林，让我安全获救。"他这样大声地对自己喊了十多分钟之后，开始寻找出路。不一会儿，约翰就发现小路的另一头有一条道路，于是他开始沿着那条路走，走了两天后，奇迹般地看到了一个小村庄。村里的人很友好，他们给约翰吃的并把他带出了丛林。最终，约翰被一架救援飞机接走了。事后，约翰对朋友说："如果我当时抱怨自己的命运，沉湎于恐惧的情绪中，屈从于死亡般的恐惧，也许我就会真的死于饥饿和恐慌。"

恐惧伴随着我们的生命。我们唯有直面它，培养与之抗衡的力量：信任、希望以及爱，才有机会打败它，进而掌握自己的命运。

如何直面内心的恐惧，心理学家曾给我们提出一条很好的建议：拿出一张白纸，把让你恐惧的事情或者是画面写下来，然后对着那张纸说：我要忘记你，我要把你撕碎。之后，把这张纸一点一点地撕碎。在心里想象：我应经忘记了昨天的恐惧，我能面对明天的希望，我再也不去想以前的事了。

还有一种更为直接的直面恐惧的做法，就是向别人说出你的恐惧，通过向他人寻找安慰或者是寻找正面的力量，让自己摆脱恐惧。

2008年5月12日汶川大地震发生时，家住在都江堰的小柯正在教室上课。突然，教室晃得很厉害，他撒腿就往楼下跑。等到他跑到操场回头看时，四层的教学楼刹那间倒塌了。小柯愣住了，但他并没有哭。之后好几天，他都不怎么说话。有人知道他是第一个逃出的孩子后，就问他："当时你怕不怕？"小柯总是摇头。

地震后的第八天，心理医生遇到了小柯，想和他握手，但小柯并没有把手伸出来。基于这一点，心理医生判断，这小孩心理出问题了。

有了这个判断后，心理医生不断地找话题，和小柯聊天，并且拥抱他。开始小柯只是安静地听着，很少回应。第二天上午，心理医生再去找他时，他腼腆地笑了笑。

不断沟通后，小柯终于愿意讲话了，说起了当时的经历，说了原来的生活。逐渐熟悉后，心理医生对小柯说："你画张画给叔叔留念吧！把你想说的，把你的希望都画在画上。"

于是，小柯画了幅画：一个孩子孤零零地站在高楼上，周围有树、有花、有太阳，但就是没有人……看到这幅画，心理医生的眼睛湿润了，他知道，孩子的心其实受到了伤害。他对小柯说："害怕不是错，有什么就说出来。"这时，似乎压抑了许久的小柯才说："叔叔，其实我害怕！"说着，泪如雨下。医生把孩子抱在怀里，孩子的恐惧终于释放了出来。

把恐惧掩埋在心底是一个不理智的举动，长期处于恐惧当中，会让一个人变得麻木、自闭、充满焦虑感和不安全感。如果能把内心的想法讲出来，充分表达内心的感受，打开自己的心，我们的心灵才不会负担那么多痛苦。

事实上，要彻底摆脱恐惧，除了要直面恐惧，还要和亲人朋友们在一起。当心理有恐惧的时候，要相互安慰，相互鼓励，相互依靠，有了爱的陪伴，充满恐惧的心灵才会得到逐渐的安抚。

找到恐惧的原型

古罗马有句箴言:"恐惧所以能统治亿万众生,只是因为人们看见大地寰宇,有无数他们不懂其原因的现象。"中国宋朝理学家程颢、程颐也说出了相同的意思:"人多恐惧之心,乃是烛理不明。"亚里士多德说得更明确:"我们不恐惧那些我们相信不会降临在我们头上的东西,也不恐惧那些我们相信不会给我们招致那些事的人,在我们觉得他们还不会危害我们的时候,是不会害怕的。"

因此,恐惧是因特殊的人,以特殊的方式,并在特殊的时间条件下产生的。显然,恐惧产生于惧怕,但惧怕的形成源于无知,源于对已经历或未经历的事的不认识。

恐惧既让我们无法充分地展示自我,同时又阻碍着我们爱自己和爱他人。没来由的、荒谬可笑的恐惧会把我们囚禁于无形的监牢里。

然而,恐惧有时也可以为我们所用。某些恐惧对于自我的保护乃是必要的。对危险的直觉可以提高我们的警惕,帮助我们调动一切手段来使自己免受伤害。

夏天的傍晚,有个人独自坐在自家后院,与后院相毗邻的是一片宁静的森林。这人的目的,就是要在接近大自然的环境中放松放松,享受一下黄昏时分的宁静。天色渐渐暗下来,他注意到,树林里的风越刮越大了。

于是他开始担心,这样的好天气是否还能保持下去。接着,他又听到树林深处传来一些陌生的声音。他甚至猜想,可能有吃人的动物正向他走来。不大一会儿,这个人满脑子都是这种消极的想法,结果变得越来越紧张。这个人越是让怀疑和恐惧的念头进入他的头脑,他就离享受宁静夏夜的目标越远。

这个人的体验很好地验证了布赖恩·亚当斯的生活法则:"恐惧是无知的影子,若抱有怀疑和恐惧的心理,势必导致失败。"

很多时候,恐惧其实并不能伤害我们。在忐忑不安的心绪的支配下,一种自然而然的焦虑就会在我们的心中积聚起来,转化为恐惧和惊慌失措。在这种情况下,我们就不能充分地享受生活了。因此要战胜内心的恐惧,我们所要做的就是从内心上正视自己的恐惧,认清它的荒唐无稽之处,然后,毫不犹豫地甩掉它,轻轻松松、潇潇洒洒地生活。

恐惧是我们生命情感中难解的症结之一。面对大自然和人类所处的社会,每个人的进程从来都不是一帆风顺和平安无事的。每个人总会遭遇到各种各样意想不到的挫折,遭遇不同类型的失败和痛苦。当一个人预料到将会有某种不良的后果会产生或自己马上要受到威胁时,这个人就会产生一种不愉快的情绪,并为此紧张不安,为此忧虑烦恼,为此担心恐惧,严重的时候,一个人的情绪就会从轻微的忧虑一直发展到最后的惊慌失措。

《直面内心的恐惧》一书的作者弗里兹·李曼整理了四个恐惧的原型:

1. 害怕失去自我,避免与人来往。

2. 害怕分离与寂寞,百般依赖他人。

3. 害怕改变与消逝,死守着熟悉的事物。

4. 害怕既定的事实与前后一致的态度,专断自为。

找到你恐惧的原型,针对它进行有意识的训练和改变,我们还有什么可以恐惧的呢?

不要因害怕犯错而恐惧

在这个世界上,每一个人都经历过无数次的失败。

金融家韦特斯真正开始自己的事业是在17岁的时候,他赚了第一笔大钱,也是第一次得到教训。那时候,他的全部家当只有255块钱。他在股票的场外市场做掮客,在不到一年的时间里,他发了大财,一共赚了168000元。拿着这些钱,他给自己买了第一套好衣服,在长岛给母亲买了一幢房子。

就在这个时候,第一次世界大战结束了,韦特斯以为和平已经到来,就拿出了自己的全部积蓄,以较低的价格买下了雷卡瓦那钢铁公司。

然而结果并不乐观。"他们把我剥光了,只留下4000元给我。"韦特斯最喜欢说这种话,"我犯了很多错,一个人如果说他从未犯过错,那他就是在说谎。但是,我如果不犯错,也就没有办法学乖。"这一次,他学到了教训。"除非你了解内情,否则,绝对不要买大减价的东西。"他没有因为一时的挫折而放弃，相反，他对此总结了相关的经验，并相信他自己一定会成功。

后来，他开始涉足股市，在经历了股市的成败得失后，他已赚了一大笔。1936年是韦特斯最冒险的一年，也是最赚钱的一年。一家叫普莱史顿的金矿开采公司在一场大火中覆灭了。它的全部设备被焚毁，资金严重短缺，股票也跌到了3分钱。

有一位名叫陶格拉斯·雷德的地质学家知道韦特斯是个精明人，就游说他把这个极具潜力的公司买下来，继续开采金矿。韦特斯听了以后，拿出35000元支持开采。几个月之后，挖到了黄金，离原来的矿坑只有213英尺（1英尺 = 0.3048米）。

这时，普莱史顿股票开始往上飞涨，不过不知内情的海湾街上的大户还是认为这种股票不过是昙花一现，早晚会跌下来，所以他们纷纷抛出原来的股票。韦特斯抓住了这个机会，他不断地买进、买进，等到他买进了普莱史顿的大部分股票时，这种股票的价格已上涨了许多。

韦特斯的成功告诉我们，不要害怕犯错，不要害怕失败，人类的成功很少是能够一蹴而就的，这往往是需要我们从错误中吸取经验和教训。

其实，当我们要面对自己所犯下的错误时，如果换个角度来看问题就不一样了：世界上根本就没有所谓的失败，只有暂时的不成功。

那么，我们怎样来纠正自己的对待犯错的态度和观点呢？

犯错不是世界末日,别把错误看得太重

我们或许无法控制犯错的行为,但是我们却能为自己的犯错观念寻到一个正确的导向。关注事物的过程,而非单纯的结局,是一种将可能出现的错误带来的打击降到最低的方法。这样,有可能尽量增强我们做事的能力,并减小这个过程中出现的焦虑。用轻松自在的态度去做一些事情,尤其是当自己把握不大的时候。

我们必须认识到犯错的不可抗力和客观性

犯错误是好的,因为这样的话我们就可以学习了。事实上,如果我们不犯错的话,我们就无法学习。谁也不能避免犯错,所以我们要接受它,并要从其中学习。

别总认为一个小细节能够彻底地颠覆全局

有人害怕犯错,因为他是用一种绝对的、完美主义的态度来看待事情的———一旦犯错全盘皆毁。这种看法是错误的。一个小错当然不可能彻底毁坏整体的完美。

认识到犯错的有利一面

我们的错误有助于调整自己的行为,这样我们就可以得到更满意的结果。

相信"这种事情不会发生"

"根据概率,这种事情不会发生。"这句话通常能摧毁你90%的忧虑和恐惧,使你在未来的生活中过得安稳。

凯瑟女士的脾气很急躁，总是生活在非常紧张的情绪之中。每个礼拜，她都要从圣马特奥的家乘公共汽车到旧金山去买东西。可是在买东西的时候，她也紧张得要命——也许自己的丈夫又把电熨斗放在熨衣板上了；也许房子烧起来了；也许她的女佣人跑了，丢下了孩子们；也许孩子们骑着他们的自行车出去被汽车撞了。她买东西的时候，常常会因紧张而直冒冷汗，很想冲出店去，搭上公共汽车回家，看看是不是一切都很好。她的丈夫因受不了她的坏脾气而与她离了婚，但她仍然每天感到很紧张。

凯瑟的第二任丈夫杰克是个律师，一个很平静、遇事能够冷静分析的人，他从来没有为任何事情忧虑过。

杰克充分利用概率法则来引导凯瑟消除紧张。每次凯瑟神情紧张或焦虑的时候，他就会对她说："不要慌，让我们好好地想一想……你真正担心的到底是什么呢？让我们看一看事情发生的概率，看看这种事情是不是有可能会发生。"

有一次，他们去一个农场度假，途中经过一条土路，当时又下了一场暴风雨。汽车一直往下滑，没办法控制，凯瑟认为他们一定会滑到路边的沟里去，可是杰克一直不停地对凯瑟说："我现在开得很慢，不会出什么事的。即使汽车滑进了沟里，根据平均率，我们也不会受伤。"他的镇定使凯瑟平静了下来。

他们到加拿大的洛基山区的图坎山谷去露营。有一天晚上，他们的营帐扎在海拔七千英尺高的地方，突然遇到暴风雨，似乎要把他们的帐篷撕成碎片。帐篷是用绳子绑在一个木制的平台上的,帐篷在风里抖着,摇着,发出尖厉的声音。凯瑟每一分钟都在想:我们的帐篷一定会被吹垮,吹到天上去。凯瑟当时真吓坏了,可是杰克不停地说着:"亲爱的,我们有好几个印第安向导,这些人对一切很清楚。他们在这些山地里扎营都60年了,这个营帐在这里也很多年了,到现在还没有被吹掉。根据发生的概率看来,今天晚上也不会被吹掉。即使被吹掉,我们也可以躲到另外一个营帐里去,所以不要紧张。"凯瑟终于放下心来,后半夜睡得非常熟。

人生只有短短几十载,而浪费如此宝贵的时间去紧张一些根本无关痛痒、难以发生的小事,实在是很不值得的。所以,把精力用在值得的地方吧,生命太短暂了,不该让忧虑来消耗它。

淡定的人生不焦虑

焦虑会给人带来难以忍受的不适感

焦虑不但解决不了任何问题，反而在紧要关头往往坏事。既然如此，我们不如心平气和地面对一切。

刚刚参加工作的张凡最近一段时间不知道为什么，老是为一些微不足道的小事忧虑，以至于影响了正常的工作和生活。

比如，张凡莫名其妙就对他使用的那支钢笔产生了厌恶之感。一看到那磨得平滑的钢笔尖就心里不舒服，他更讨厌那支钢笔的颜色，乌黑乌黑的。于是张凡决定不用它了。可换了支灰色的钢笔后，张凡依然感觉不舒服。原因是买它时张凡见是个年轻漂亮的女售货员，竟然紧张得冒了一头大汗，张凡认为自己出了丑，自尊心受到了伤害。因此张凡恨不得弄烂它，于是把它扔到楼道里，任人践踏。可是转念一想，这不是白白糟蹋了七八块钱吗，结果又把它给捡了回来。

还有一次，张凡买了一个用来盛饭的小塑料盒。突然他脑子里冒出一个想法："这是不是聚乙烯的？"张凡记得自己曾看过一篇文章，好像是说聚乙烯的产品是有毒的，不能盛食物。这下张凡的神经又绷紧了：自己买的这个小塑料盒会不会有毒？毒素逐渐进入我的体内怎么办？张凡万分忧虑，但不用它又不行，况且圆珠笔、钢笔、牙刷等也是塑料制品，天天都沾，如果都有毒，这不是让人活不成了吗？

有一天，张凡又为头上的两个"旋儿"而苦恼起来。他听人说"一旋好，俩旋孬，三个顶(旋)，气得爹娘要跳井"。真有这么回事吧？要不为什么自己经常惹父母生气呢？可许多有两个旋的人也不像自己这么怪呀！这个念头令张凡终日忧虑不已。

张凡就是这样一直在忧虑的旋涡中徘徊、挣扎着……

可怜的张凡在忧虑中不断地折磨自己，他这是一种典型的焦虑心理。

焦虑是一种没有明确原因的、令人不愉快的紧张状态。适度的焦虑可以提高人的警觉度，充分调动身心潜能。但如果焦虑过火，则会妨碍你去应付、处理面前的危机，甚至妨碍你的日常生活。

处于焦虑状态时，人们常常有一种说不出的紧张与恐惧，或难以忍受的不适感，主观感觉多为心悸、心慌、忧虑、沮丧、灰心、自卑，但又无法克服，整日忧心忡忡，似乎感到灾难临头，甚至还担心自己可能会因失去控制而精神错乱。在情绪上整天愁眉不展、神色抑郁，似乎有无限的忧伤与哀愁，记忆力衰退，兴味索然，注意力涣散；在行为方面，常常坐立不安，走来走去，抓耳挠腮，不能安静下来。

心理学研究表明，导致焦虑的原因既有心理的因素，又有生理因素，同时，人的认知功能和社会环境也起重要作用。

焦虑是每个人都有的情绪体验，要防止它成为病态，就要寻找各种能舒缓压力的方式。面对焦虑，面对真实的自己，是化解焦虑的最佳良药。让我们一起化焦虑为成长的契机，做个自在、心无挂碍的现代人。

下面就教你几招来化解焦虑：

进行耗氧运动，以振奋精神

焦虑者可通过强耗氧运动，振奋自己的精神，如快步小跑、快速骑自行车、疾走、游泳，等等。通过这些耗氧量很大的运动，加速心搏，促进血液循环，改善身体对氧的利用，并在加大氧的利用量中，让不良情绪与体内的滞留浊气一起排出，从而使自己精力充沛，进而振作起来，心理困扰由此自然就得到了很大排解。

休闲常听音乐，以改变心境

一个人，不管他的心情多么不好，只要能听到与自己的心境完全合拍的音乐，就会感到无比的舒畅。以音乐来摆脱心理困扰时，要注意选择能配合当时心情的音乐，然后逐步将音乐转换到有利于将自己的心情调整到希望获得的方面来。

选择适宜颜色,以滋养身体

美学家通过研究多人的行为发现,犹如维生素能滋养身体一样,颜色能滋养心气,而且效果还较明显。要注意选择适宜的颜色,凡是能使心情愉快的鲜明、活泼的颜色以及具有缓和和镇静作用的清新颜色都可采用。这样,可使你的视觉在适宜的颜色愉悦下,产生滋养心气的效果,并使心理困扰在不知不觉中消释。

做一个三分钟放松运动操,以缓解焦虑

一分钟"抬上身"——缓慢地使身体向下触及地面,双臂保持俯卧撑姿势,然后双手向下推,胸部离开地面,同时抬头看天花板,吸气,然后再呼气,使全身放松。

一分钟"触脚趾"——双手手掌触地,头部向下垂至两膝之间,吸气。保持这个姿势,再抬头挺胸,同时呼气,然后全身放松。

一分钟"伸展脊柱"——身体直立,双腿并拢,在吸气的同时将双臂向上伸直举过头,双掌合拢,向上看,伸展躯干,背部不能弯曲,然后呼气放松。

遵循你的心,去做自己想做的事儿

每个人都有来自内心的呼唤,我们称之为心灵使命的召唤,它是我们生存的本质和理由,只有那些按照自己内心使命而活着的人,才能找到生命中真正的快乐,体味到生命的真正意义所在。

现实中，并不是所有的人都能跟随心灵的召唤前进，他们或者是因为没有主见，完全按照别人的安排生活；或者是出于无奈，选择了自己不喜欢的生活方式；或者是因为不够自信，当面对心灵使命的召唤时，自己却时常徘徊不定。

事实上，如果我们能摆脱现实的困扰，倾听自己心灵深处使命的召唤，按照内心的召唤去生活，那么我们比一般人要更容易成功，更容易感受到快乐。因为心灵的召唤不是个人欲望的不断膨胀和无穷尽，也不是外界诱惑下意志的脆弱，更不是无奈环境中的妥协放弃与无条件投降，而是一种坚定的信念，一种不屈的意志，一种个人价值的追求和实现。

迈克尔·戴尔是美国第四大个人电脑生产商。他29岁便成为富豪，但他既不是靠继承遗产，也不是靠中彩，而是他遵从自己的心，做自己想做的事。

大学期间，戴尔经常听到同学们谈论想买电脑，但由于售价太高，许多人买不起。戴尔心想："经销商的经营成本并不高，为什么要让他们赚那么丰厚的利润？为什么不由制造商直接卖给用户呢？"戴尔知道，万国商用机器公司规定，经销商每月必须提取一定数额的个人电脑，而多数经销商都无法把货全部卖掉。他也知道，如果存货积压太多，经销商会损失很大。于是，他按成本价购得经销商的存货，然后在宿舍里加装配件，改进性能。这些经过改良的电脑十分受欢迎。戴尔见到市场的需求巨大，于是在当地刊登广告，以零售价的八五折推出他那些改装过的电脑。不久，许多商业机构、医生诊所和律师事务所都成了他的顾客。由于戴尔一边上学一边创业，父亲一直担心他的学习成绩会受到影响。父亲阻止他："如果你想创业，得等你获得学位之后。"

可是戴尔觉得如果听父亲的话，就是在放弃一个一生难遇的机会。于是，便坦白地告诉父母："我决定退学，自己开公司。"

父亲有些吃惊："你的梦想到底是什么？"

"和万国商用机器公司竞争。"戴尔说。

和万国商用机器公司竞争？父母又大吃一惊，觉得他太不自量力了。但无论他们怎样劝说，戴尔始终不放弃自己的想法和梦想。父母没办法，只好妥协了。得到父母的允许后，戴尔拿出全部积蓄创办戴尔电脑公司，当时他19岁。

戴尔以每月续约一次的方式租了一个只有一间房的办事处，雇用了一名28岁的经理，负责处理财务和行政工作。在广告方面，他在一只空盒子底上画了戴尔电脑公司第一张广告的草图。朋友按草图重绘后拿到报馆去刊登。戴尔仍然专门直销经他改装的万国商用机器公司的个人电脑。第一个月营业额便达到18万美元，第二个月265万美元，仅仅一年，便每月售出个人电脑1000台。积极推行直销、按客户要求装配电脑、提供退货还钱以及对失灵电脑"保证翌日登门修理"的服务举措，为戴尔公司赢得了广阔的市场。后来，戴尔停止出售改装电脑，转为设计、生产和销售自己的电脑。如今，戴尔电脑公司在全球16个国家设有附属公司，每年收入超过 20 亿美元，有雇员约 5500 名。戴尔个人的财产，估计在 2.5 亿到 3 亿美元之间。假如戴尔不是忠于自己的想法，不懂得在父母的一再劝阻下坚持，显然他是不可能成为当今世界的富豪的。

内心期待什么就能做成什么。我们都可以按照自己的渴望设计人生。如果你始终觉得自己的生活过于悲惨，你渴望构建一个属于自己的人间天堂，那么你每天都告诉自己"我离天堂很近"，很快你就会觉得自己真的置身于幸福的天堂了。

法国哲学家巴斯卡曾说："心灵具备某种连理智都无法解释的道理。"不要去听信阻碍你发挥潜力的声音，让你的心灵做主宰，去听听那些会让你编织伟大梦想的声音，然后大胆地跟随梦想前进。让心灵先到达你想去的那个地方，接下来我们要做的，就是沿着心灵的召唤前进了。只要你及时抓住适合自己的梦想，你就绝不会一事无成的。

"钝感力"：面对挫折不过度敏感

"钝感力"一词源自日本，是日本著名作家渡边淳一《钝感力》中的首创词。按照渡边淳一的解释，钝感力可直译为"迟钝的力量"，即从容面对生活中的挫折和伤痛，坚定地朝着自己的方向前进，它是"赢得美好生活的手段和智慧"。其实钝感力的实质，正是一种不焦虑，以忍图强的处世方式。钝感不等于迟钝，它强调的是对周遭事务不过度敏感，沉住气，不骄不躁，集中力量，专注目标的生存智慧。

钝感力是立身处世不可或缺的品质。我们也许都有这样的体会：同样的失误，同样的苛责，有的人感觉痛不欲生，以致影响事业和生活的和谐；有的人却失落一阵，很快就恢复常态，天塌下来依然故我，他的事业、生活没有受到多大困扰，依然运行在正常的轨道之上。许多研究发现，企业中最优秀的员工往往不是最聪明的，也不一定是最能干的，但他们都有一个共同点：他们能够以最合适的状态及心境应对一切变化。在与公司共同发展的过程中，无论是逆境、顺境，表扬或批评，都无法轻易动摇他们对于自我价值的判断以及坚持到底的决心。很多时候，他们是同事眼中冥顽不化的愚笨者，是别人眼中反应迟钝的平庸者，但经过许多次的考验之后，这些"迟钝者"却往往以其坚忍不拔的精神最终获得管理者的赏识，成功实现晋升的梦想。

百荣集团是所在行业的知名企业，在声名远播的同时，集团面临的内外压力也是与日俱增：一方面竞争对手步步紧逼，不断抢占市场份额；另一方面，集团内部营销体系及相应的制度都有些混乱，区域市场的管理出现许多漏洞。张智与刘明都是百荣集团刚引入的高级营销人才。他们出任公司的营销部经理，分管不同的市场，共同向总经理及董事会汇报。

从工作背景来看，两个人不分伯仲：毕业于名牌大学，都曾任职于著名外企，具有较强的实力和丰富的经验，并且干劲十足。

在正式接管之后，两个人做的第一件事就是对自己所负责的区域进行大刀阔斧的改革，并引入外资公司一套成熟的制度进行实践。虽然职业背景非常相似，但张智与刘明两人的工作风格却大相径庭。张智做事雷厉风行，并且说话直言不讳。他的洞察力与市场判断力让许多下属颇为佩服。而刘明却憨厚随和，性格不温不火，做事从不急进。许多人都认为张智将会比刘明更能做出成绩。

由于张智与刘明对区域市场进行了改革，触及了公司中诸多人的利益。在他们上任几个月后，一些员工产生抵触情绪，各种非议纷至沓来，更有人写匿名信编造各种借口举报他们。张智与刘明都面临着巨大压力。

张智的性格急躁，对于这些无中生有的指责表现激烈，同时对于公司管理层的询问又表现出极大的反感，认为领导层应该给自己充分的信任与支持，而不能以这些莫须有的指责扰乱自己的情绪。为了实现既定目标，张智不断向区域经理下达死命令，不断地进行开会督促。一旦某一项任务没有完成，张智会怒急冲冠，并施以重罚，警告团队必须如期完成。张智的情绪化表现非常明显。他心情好时可以与团队打成一片，但当情绪低落时，他整天阴沉不语，经常为一点小事发怒训人，让下属根本不敢与他沟通。

刘明的表现则平静得多。虽然也肩负重担，但他有条不紊。无论是任务布置还是工作推进，无论是取得成绩还是遇到障碍，他都能够心平气和地与团队共同研讨对策。而对于各种各样的非议与批评，刘明充耳不闻，依然淡定自如，他似乎并不太在意别人的评头品足，只是一心走自己的路。更令下属感激的是，由于某区域经理的失误，导致业绩下滑，整个团队受到董事会严厉批评之时，刘明却一个人抗住压力，耐心向董事会解释其中原因，并阐述接下来的应对措施以及未来的发展前景，从而取得了谅解。

　　一年半过去了，张智与刘明都以各自的方式顺利完成了向董事会承诺的目标。公司管理层决定提拔两个人中的一个出任营销总经理。多数员工支持刘明晋升为营销总经理，原因很简单，虽然张智的能干让人佩服，但刘明的"钝"让人更有持久的信心。总经理的评价则是：张智是个将才，但刘明是个帅才。敏于心，钝于外，这就是我们所期望的稳健型领导者。

　　如果说敏感力是一种外在的洞察力，那么钝感力则是一种内在的坚持力。相对于洞察力，坚持力是一种更持久的耐力与爆发力。现代社会的竞争越来越激烈，在这场没有硝烟的战争中，人与人之间的"斗争"在所难免，优胜劣汰成为常态。保持一定的敏感度是必要的，但更为重要的是沉得住气，排除一切干扰，为成功而坚持不懈地努力。正是这种貌似"迟钝"的顽强意志使我们突破重重障碍，步步向前——而这，就是钝感的力量所在。

　　在生活中，如果我们能多一些"钝感"，少一些"敏感"，为梦想穿上"钝感"的战衣，将使我们减少许多的杂念、忧愁、纷争，以便我们更好地将精力投入到工作中去，创造出更为优秀的业绩。

化压力为奋进的动力

不会与压力相处，就会陷入危机边缘

现代生活中，事业和家庭的双重责任让很多人无法承受。诅咒压力、憎恶压力，在压力中消沉，甚至在压力中崩溃而选择一些极端的解决方式。

压力到底是一种什么样的东西，可以有如此大的摧毁力？压力来自方方面面，工作的繁重、生活中的各种琐事、情感纠葛、人际紧张都可能造成压力，让你感觉到一种"备战状态"，精神高度紧张。绝大多数社会人都面临着相似的境况，可以说，承受压力是现代人的常态。但问题是，一些人似乎能够承受，而另一些人却被压力击垮。究其原因，外部压力的大小只是很小的一部分原因，更大的原因来自于自我。

完全没有心理压力的情况是不存在的。如果你的生活失去了压力，那么空虚就会找上门来。无所事事，对生活失去兴趣的状态比高压状态更加不利于你的心理和生理健康。

压力是一种常态,但不会与压力相处的人就会打破这种状态,让自己的精神和身体陷入崩溃的边缘。如何与压力相处,关键是承受者的心态和耐力。所以,与其在压力来临时诅咒它,不如从自身做起,改观心态,增强承受力。更重要的是找到适合自己的放松方式,轻松化解压力。

你也可以试试这些化解压力的办法:

罗列出具体的压力源

你可以仔细思考自己到底有哪些压力,它是来自工作、生活、交际还是其他方面,把让你感到困难的事情仔细写出来。一旦写出来以后,你就会发现了解自己的具体所想就能化解掉一半的压力。

然后为这些事情排一个序,哪些是你必须马上要解决的,哪些是可以稍微放缓一下的。从重点开始一一击破。

自我心理暗示

通过积极的自我心理暗示,如告诉自己"这些都不算什么,我可以轻松解决",或者训练思维游逛,如想象"蓝天白云下,我坐在平坦绿茵的草地上""我舒适地泡在浴缸里,听着优美的轻音乐"。这些积极的暗示都能在短时间内让你平复心情,获得一些轻松之感。

用运动来解压

适当的运动能够使人心情舒畅。人在运动时,身体能够得到舒展和放松，大口地呼吸新鲜的空气，心理上也会产生相应的畅快感，是减压的一种不错的方式。

为压力寻找合理的解释

这个方法是在你明确压力来自什么方面以后采取的，目的是增强心理承受能力。比如说当你在繁重的工作中与同事产生纠纷，感觉到对方更增添了你的工作压力，这个时候你不妨想一想对方的处境，他可能最近面临着什么困境，所以情绪不稳定，因而在与你的合作中产生了摩擦。这样一想，你就会觉得心里平和多了。

寻求支持

当你觉得自己的心理压力过大，已经快超出承受范围的时候，可以适当地向亲戚、朋友、心理医生求助。倾诉可以缓解你的精神紧张，千万不要一个人硬撑。其实承认自己在一定时期软弱，然后通过外部有益的支持降低紧张、减弱不良的情绪反应是明智之举。

总而言之，压力是客观存在的。你不可能减掉所有的压力，但是把压力放在沙漏里，让它一点一点地囤积，又一点一点地漏下，你的生活就能找到平衡。

在压力面前奋起

毕业之后面临着就业压力，就业之后面临工作压力，其他还有诸如生活压力、竞争压力、恋爱压力，等等，如果你没有在压力面前奋起的勇气，那你只能在重重压力中陷入虚无。

张学友是香港著名歌星，很多人痴迷他的歌、喜欢他的电影、羡慕他的辉煌，可有几个人知道他艰辛的奋斗历程呢？不自卑，也不害怕挫折，这是他的成功秘诀。

他的第一份工作是在政府贸易处当助理文员，工作十分乏味。不肯安于现状的性格使他不久跳槽到了一家航空公司，但工资比第一份还少。当时他也没有想过有一天会成为明星。踏入娱乐圈是偶然的，成功也来得太快，这使得他沉溺在成功带来的满足感和优越感之中，只知道尽情玩乐，逐渐变得放纵、狂傲、骄横，得罪了许多人。结果他的唱片销量直线下降，第一、二张唱片都卖了20万，第三张只卖了10万，接着是8万、2万。他走在街上，原来是"学友""学友"的欢呼变成了粗言秽语；站在舞台上，原来是鲜花热吻，现在是阵阵嘘声。开始，张学友接受不了这残酷的事实，没有去分析原因，而是去一味逃避：酗酒、骂人、闹事……家人朋友看得心痛，不断地劝慰，但他一概不听。

沮丧的日子持续了两三年，后来他开始自省，意欲东山再起，这是他骨子里不肯服输、敢于一拼的性格所决定的。如果天生懦弱，自杀恐怕是他最终的抉择。他很了解娱乐圈"一沉百踩"的事实，知道要东山再起所必需的艰辛，但他决意一拼！他后来总结经验说："当你决定要面对挫折和困难时，原来并不是没有出路的！"他努力唱出自己的风格，努力拍戏，努力去研究失败的原因，努力学习处世方法，努力应对各种刁难和挫折……全力以赴，付出了不为圈外人所知的艰辛，辉煌逐渐又回到了他的身边。

他说，压力和挫折没有人可以避免，重要的是要有豁达、乐观、坚毅、忍耐的性格，要搞清楚自己的位置和方向，才能走过失败，重新振作。他说自己希望做一只蜗牛，蜗牛永远不会理会别人的催促，无视外来的压力，只是依着自己的步伐和所选择的方向，勇往直前，这必能成功。

压力和挫折时刻都会存在，有人说，人没有了压力生活就会没有了方向，就像没有了风，帆船不会前进一样。但你一定不能在压力中不思进取，要懂得在最困难的时候去寻找机会，只有这样，我们才能不被压力淹没。

不妨沉下心来做"蘑菇"

有一个有趣的"蘑菇定律"，是形容年轻人或者初学者的。意思是这样的：刚入职场的人处境很像蘑菇，被置于阴暗的角落，他们或者被放在不受重视的部门，或做着打杂跑腿的工作。

相信很多人都有做"蘑菇"的经历。这不是坏事，做上一段时间的蘑菇，承受住了工作中的压力，我们的浮躁和不切实际就会消失，从而让自己变得更加现实。

工作无分贵贱，但是态度却有尊卑，任何一份工作都包含着成长的机遇,任何一份工作都有可以学习的东西。一个成功者不会错过任何一个学习的机会,即使是在店里扫地的时候,他也会观察老板是怎样和客人们打交道的,他们总是在观察、学习、总结。也正是这种蛰伏的智慧,使得很多人在经历"蘑菇"岁月后脱颖而出,成为同辈中的佼佼者。

小刘刚进公司的时候,公司正提倡"博士下乡,下到生产一线去实习、去锻炼"。实习结束后,领导安排他从事电磁元件的工作。堂堂的电力电子专业博士理应做一些大项目,不想却坐了冷板凳,小刘实在有些想不通。

想法归想法,工作还要进行。就在小刘接手电磁元件的工作之后不久,公司出现电源产品不稳定的现象,结果造成许多系统瘫痪,给客户和公司造成了巨大损失,受此影响,公司丢失了5000万以上的订单。在这种严峻的形势下,研发部领导把解决该电磁元件问题故障的重任交给了刚进公司不到三个月的小刘。

在工程部领导和同事的支持与帮助下,小刘经过多次反复实验,逐渐清晰了设计思路。又经过60天的日夜奋战,小刘硬是把电磁元件这块硬骨头啃下来了,使该电磁元件的市场故障率从18%降为零,而且每年节约成本110万元。现在,公司所有的电源系统都采用这种电磁元件。

这之后,小刘又在基层实践中主动、自觉地优化设计和改进了100A的主变压器,使每个变压器的成本由原来的750元降为350元,每年为公司节约成本250万元,并对公司的产品战略决策提供了依据。

　　这件事对小刘的触动特别大,他不无感慨地说道:"貌似渺小的电磁元件,大家没有去重视,我这样'气吞山河'的'英雄'在其面前也屡次受挫、饱受煎熬,坐了两个月冷板凳之后,才将这件小事搞透。现在看起来,之所以出现故障,不就是因为绕线太细、匝数太多了吗?把绕线加粗、匝数减少不就行了?而我们往往一开始就只想干大事,而看不起小事,结果是小事不愿干,大事也干不好,最后只能是大家在这些小事面前束手无策、慌了手脚。当年苏联的载人航天飞机在太空爆炸,不就是因为将一行程序里的一个小数点错写成逗号而造成的吗?电磁元件虽小,里面却有大学问。更为重要的是,它是我们电源产品的核心部件,其作用举足轻重,非得要潜下心、冷静下来,否则不能将貌似小小的电磁元件弄透、搞明白。做大事,必先从小事做起,先坐冷板凳,否则,在我们成长与发展的道路上就要做夹生饭。现在看来,当初领导让我做小事、坐冷板凳是对的,而自己又能够坚持下来也是对的。有许多研究学术的、搞创作的,吃亏在耐不住寂寞,总是怕别人忘记了他。由于耐不住寂寞,就不能深入地做学问,不能勤学苦练。他不知道耐得住寂寞,才能不寂寞。耐不住寂寞,偏偏寂寞。"

　　小刘的这段话适合于各行各业和各类人员,凡想获得成功的人,都应该沉住气。先学会耐得住"蘑菇"时期的寂寞,先学会坐冷板凳,先学会做小事,然后才能做大事,才能取得更大的业绩。

老子说:"轻则失本,躁则失君。"职场永远不会有一步登天的事情发生,不管你的能力有多强,你都必须沉住气,从最基础的工作做起。研究成功人士的经历就会发现:他们并不是一开始就"高人一等"、风光十足的,他们也曾有过艰难曲折的"爬行"经历,然而他们却能够端正心态、沉下心来,不妄自菲薄,不怨天尤人。他们能够忍受"低微卑贱"的经历,并在低微中养精蓄锐、奋发图强,尔后他们才攀上人生的巅峰,享受世人的尊崇。试想,若不是当年的"低人一等",哪里会有后来的"高人一等"呢?

因此,对于大多数人来说,刚参加工作时必须消除不现实的幻想,我们应该认识到,没有任何工作是卑微并且不需要辛勤努力的。年轻人应该磨去棱角,适应社会,不断充电,提升能力,要知道,无论多么优秀的人才,步入社会时都只能从最简单的事情做起。一个人,只有放下架子,沉得住气,打牢根基,才能在日后有所作为。

有所背负,反而能够走得更远

老子说:"重为轻根,静为躁君,是以君子,终日行不离辎重,虽有荣观,燕处超然。奈何万乘之主,而以身轻天下,轻则失根,躁则失君。"这句话的意思是,厚重是轻率的根本,静定是躁动的主宰。因此君子终日行走,不离开满载行李的车辆,虽然有美食胜景吸引着他,却能安然处之,因其有备无患,所以行走自如,泰然自若。无奈的是大国君主却以轻率躁动治天下,须知轻率就会失去根本,急躁就会丧失主导。

"重为轻根"的"重"字,可以作为厚重沉静的意义来解释,重是轻的根源,静是躁的主宰。"圣人终日行而不离辎重",并非简单指旅途之中一定要有所承重,而是要学习大地负重载物的精神。大地负载,生生不已,终日运行不息而毫无怨言,也不向万物索取任何代价。生而为人,应效法大地,拥有为众生挑负起一切苦难的心愿,不可一日失去负重致远的责任心。

有人说,世界上只有两种动物能到达金字塔顶。一种是老鹰,还有一种就是蜗牛。

志在圣贤的人们,不是老鹰反而是那蜗牛,始终戒慎畏惧,有所承载,内心随时随地存在着济世救人的责任感,而沉重的责任感正是他不躁进、不畏惧的保护壳,可以游刃有余地做到功在天下、万民载德,继而得到荣光无限的美誉。

有两个空布袋想要站起来,便一同去请教上帝。上帝对它们说,要想站起来,有两种方法:一种是得自己肚里有东西;另一种是让别人看上你,一手把你提起来。于是,一个空布袋选择了第一种方法,高高兴兴地往袋里装东西,等袋里的东西快装满时,袋子稳稳当当地站了起来。另一个空布袋想,往袋里装东西,多辛苦,还不如等人把自己提起来,于是它舒舒服服地躺了下来，等着有人看上它。它等啊等啊，终于有一个人在它身边停了下来。那人弯了一下腰，用手把空布袋提起来。空布袋兴奋极了，心想，我终于可以轻轻松松地站起来了。那人见布袋里什么东西也没有，便一手把它扔了。

道家的哲学，便看透了"重为轻根，静为躁君"和"祸者福之所倚，福者祸之所伏"这种自然正反博弈演变的法则，所以才提出"虽有荣观，燕处超然"的告诫。

虽然处在"荣观"之中，仍然恬淡虚无，不改本来的素朴；虽然燕然安处在荣华富贵之中，依然超然物外，不以功名富贵而累其心。唯大英雄能本色，是真名士自风流。因为大英雄是最本色的，行为上往往不是出人意表，而是再自然不过，就好像一个绝顶聪明的人外表非常笨拙一样。保持平凡质朴，还原真实本色，才是真正的大人物。然而能够到此境界的人却非常少，大多数人总以草芥轻身而失天下。

第七章
DIQIZHANG

逆境心理突破：
发现自己的优势，实现人生逆袭

现在，发现你的优势

把精力放在自己的优势上

生活中，你虽然没有别人英俊潇洒，但你可能身强体壮；你虽然不会琴棋书画，但你可能思维敏捷，逻辑清晰……上帝不会给人全部，但他绝对不会亏待你，所以你一定要做自己的伯乐，发掘自己的潜能。

查理是一个盲人，但他并不为此忧伤，他相信自己的失明中隐含着一份礼物。因为失明不仅激发他去面对并克服新的挑战，也因为看不见的事实，让他能完全专注于做他能做的事——他经营着一所残障学校。

他说："虽然我无法阅读，也看不见人们的脸，但我可能听见声音，我还可和学生们进行交流，了解他们的想法，并把自己的人生经验告诉他们，促使他们少犯或者不犯错误。"

查理具有演说方面的才能，经常面对一群小朋友演讲。他告诉这些小朋友，无论在人生中遇到什么样的难题，不管这难题有多大或看似多么无法克服，如果能从每一段经历中看到正面意义，就有办法实现梦想。

这些观点对残障的小朋友来说十分重要。他说："也许有些人会对他们说很多事都不可能做到。然而，如果有态度积极正面的人从旁鼓励，他们还是可以达成某些目标的。"

查理的目的就是："我要传达给孩子们的信息，就是不要只看到自己的局限，而是教他们把精力放在他们所拥有的能力、条件及优势上。"

查理本是一个失明的人，但并没有陷入自己的不幸之中，反而关注自己演说的优势才能，告诉孩子们学会重新审视自己的长处，并从中找到正面意义，也就是每件事情的"转机"。

有一个探险家，决定前去非洲的土著中探险。他随身带了一些不怎么值钱的小装饰品，打算送给当地的土著人。在这些东西当中，有两面真人大小的镜子。这天，他走得实在太累了。于是，他就把这两面镜子靠着两棵树放好，然后就坐下来休息。

这时候探险家看到有个土著人，手里拿着长矛正在向镜子走过来，当这个土著人向镜子里走来的时候，他看见了自己的镜像，于是开始向镜子里的对手刺去。当然，他打碎了这面镜子。

这时，探险家向这个土著人走去，说："你为什么要打碎镜子？"土著人回答说："他要杀我，我就先杀了他。"探险家笑了。

探险家让这个土著人放下手中的长矛，把并他带到第二面镜子前解释说:"你看,镜子是这样一个东西:通过它,你可以看到你的头发很浓密,你脸色很红润,你的胸部多么健壮,你的肌肉多么发达。"

土著人回答说:"噢,我不知道。"

生活中,成千上万的人都和这个土著人差不多。他们穷其一生与生活抗战,看不到自己的优势。生活中的你绝对不要像土著人那样,穷其一生都不能发现自己的力量。发现你自己、做自己的伯乐,你的人生就是一片光明。

台湾作家三毛曾说:"在我的生活中,我就是主角。"你是你命运的主人,你是你灵魂的舵手,不要让自己成为一个生活的看客。一个永远受制于人,被人或物"奴役"的人绝享受不到创造之果的甘甜。

善于驾驭自己命运的人,是最幸福的。在生活的道路上,我们不要一味埋怨自己的不幸,而学会关注自己的优势,勇于驾驭自己的命运。只有这样,我们才能调控自己的情感,克服困难,超越挫折,主宰自我,做命运的主人。

正确看待自己

很多人一贯坚持这样的观点:集体主义是无垠的汪洋大海,我只是微不足道的"一滴水";群体的生活是广阔的森林,我只不过是一棵"无名的小草";在社会大家庭的荒原里,我永远是人们脚下可有可无的渺小的沙粒。生活大舞台,甘愿做看客,干什么都不行,没有棱角,没有个性,逆来顺受,听天由命,在世界的黯淡角落里,任凭生命的螺丝钉生锈发霉。看轻自己,实在是灵魂的麻醉剂,是健康生命的慢性毒药。

人应该自重,这其中有很多的原因,第一个原因就是你不可能成为别人。我们要做的永远都是自己。尊重自己,是对自己的一种自信,是从心底深处愿意相信自己的能力。

5岁那年,他因为不慎触到了一台变压器,而失去了双臂。从此,所有人都认为他长大后将会成为一个废人,因为他们家在农村,对于一个要靠繁重的农活来维持生命的农村人来说,失去了双臂,那就意味着失去了劳动能力,就只能靠别人来养活了。

但是,他却不这么想。他认为,尽管失去了双臂,但自己还有双脚,还有跟正常人一样的智商。于是,别人能用双手完成的工作,他便学着用肩膀、用脑袋、用脚去完成。

他用肩膀夹着自行车头学会了骑自行车,尽管为此摔掉了一颗牙,他也没后悔。他用肩膀夹着锄头锄地、洗菜、洗衣服、锯木、扎扫把和编竹篮。一次不行,就做十次、百次、千次,甚至是万次,直到会做为止,一些农活他甚至做得比那些四肢健全的人还要漂亮。他还学会了用脚指头夹着笔写字和嫁接果树苗。

他用脚指头夹着毛笔画的画,在一次绘画比赛中获得了一等奖。更令他骄傲的是,那次大赛的评委们一直都不知道,那幅获奖的绘画作品,竟然是一位失去双臂的人!

他还种了几十亩柿子和柑橘，在他的精心护理下，每年都获得了好收成。自从失去双臂后，他不知道遭遇过多少人的冷嘲热讽，但他却没有为此掉过一次泪，他认为，这个世界上只要别人会做的事情，没有一样他不会做，他没必要为失去了双臂而自卑。就这样，他顽强而乐观地将一个农家的日子过得越来越红火。

一次偶然的机会，他将自己在田地里劳作的过程编成了舞蹈，在第五届全国残疾人艺术汇演中，赢得了观众如潮的掌声，获得评委会特别奖，并被中国残疾人艺术团吸收为演员。

从此，他又与舞台结缘，其中最为著名的是他编的舞蹈《秧苗青青》。只见他穿着红坎肩，在舞台上行动自如地挑水和浇灌，辽阔的田野被搬上了彩灯绚丽的舞台，一群象征秧苗的俏丽姑娘，围绕着这个从田间走来的小伙子，在他的照料下"茁壮成长"……他的名字叫作黄阳光。目前，他的节目已经成为中国残疾人艺术团大型歌舞晚会中最重要的节目之一。

黄阳光说："其实，生活中，别人怎样看你并不重要，重要的是，你得看重你自己！只要你自己不放弃，你就能活出生命的意义和价值！"

那些成功到达彼岸并能在那里寻得立足之地的人，几乎都是那些能够保持适度的自我尊重的人。他们充满自信、坚忍不拔，以自己的能力给别人留下深刻的印象。

许多失败者并非源于能力的缺失，而是由于没有足够的自尊与自信，不去发掘与锻炼大自然赋予他的才智与能力。压垮他的正是他的能力，他不知道如何释放自己的能力，也不会适当去运用。

也许你正身处逆境，举步维艰；也许你身旁有人乱发议论、指指点点。这时你一定要坚定信念，不要因为别人改变了你的初衷。你不因蚊蝇的骚扰而放弃夏日的愉悦；你不因尘土的张扬远离大漠的壮观；你不因寒风的肆虐拒绝腊梅的芬芳。相信你的实力，向着信念努力，即使众口铄金，仍壮心不改；纵使千夫所指，仍泰然处之。生如夏花之绚烂，死如秋叶之静美。你的重要，不可替代。自己的亮点要靠自己找出，用你的自信与不羁点亮你人生的明灯。

我们每个人是自己的主人，都可以充分施展自己的才华，所有的成功都来自对自我的正确认识。

不要给自己贴上"失败者"的标签

有些人经常这样否定自己："凡事我都做不好""人生毫无意义可言，整个世界只是黑暗""过去屡屡失败，这次也一定会失败""没有人肯和我结婚""我是个不擅交际的人"……持这类想法的人，生活往往并不快乐。

很自卑的你总以为命运在捉弄自己。欣赏别人的时候，一切都好；审视自己的时候，却总是很糟。其实，你不必这样：和别人一样，你也是一道风景，做不了太阳，就做星辰，让自己的星座发热发光；做不了大树，就做小草，以自己的绿色装点希望；做不了伟人，就做实在的小人物，平凡并不可卑。在变成天鹅之前，我们每个人都是一只丑小鸭。

夏洛特黄蜂队有一位身高仅1.60米的运动员，他就是蒂尼·伯格斯——NBA（美国职业篮球联赛）最矮的球星。伯格斯这么矮，怎么能在巨人如林的篮球场上竞技，并且跻身大名鼎鼎的NBA球星之列呢？这是因为伯格斯的自信。

伯格斯自幼十分喜爱篮球，但由于身材矮小，伙伴们瞧不起他。有一天，他很伤心地问妈妈："妈妈，我还能长高吗？"妈妈鼓励他："孩子，你能长高，长得很高很高，会成为人人都知道的大球星。"从此，长高的梦像天上的云在他心里飘动着，每时每刻都闪烁着希望的火花。

"业余球星"的生活即将结束了，伯格斯面临着更严峻的考验——1.60米的身高能打好职业赛吗？

伯格斯横下心来，决定要在高手如云的NBA赛场上闯出自己的一片天地。"别人说我矮，反倒成了我的动力，我偏要证明矮个子也能做大事情。"在威克·福莱斯特大学和华盛顿子弹队的赛场上，人们看到蒂尼·伯格斯简直就是个"地滚虎"，从下方来的球90%都被他收走……

后来，凭借精彩出众的表现，蒂尼·伯格斯加入了实力强大的夏洛特黄蜂队，在他的一份技术分析表上写着：投篮命中率

50%，罚球命中率 90%……

一份杂志专门为他撰文，说他个人技术好，发挥了矮个子重心低的特长，成为一名使对手害怕的断球能手。"夏洛特的成功在于伯格斯的矮"，不知是谁喊出了这样的口号。许多人都赞同这一说法，许多广告商也推出了"矮球星"的照片，上面是伯格斯淳朴的微笑。

成为著名球星的伯格斯始终牢记着当年他妈妈鼓励他的话，虽然他没有长得很高很高，但可以告慰妈妈的是，他已经成为人人都知道的大球星了。

肯定自我，时刻保持乐观而积极的想法，我们的人生才会充满意义。诸如生意失败、学业失败、情场失败之类的残酷事实，有时会不可避免地发生在我们身上，然而只要我们不因此否定自己，我们的人生随时都可以重新来过，成功也会随时光顾我们。

总有一张可以拿得出手的牌

上帝是公平的，它赋予每个人一些亮点和暗影。如果我们总是拿别人身上的亮点，同自己身上的暗影相比较，而忘了去找到自身的亮点，那样只能是越比较越灰心，以致心灵终自沉迷于暗淡之中，没了向上的朝气，没了积极的进取，最终让自己的一生少了许多本该拥有的斑斓。

一天，一位年轻人悲伤地跟老师诉说："我简直一无所有——相貌平平，体质单薄，大学没考上，又无一技之长，父母是普通的农民，一点儿家庭背景都没有，找一份工作都很难……"

老师用心地听完他垂头丧气的叙述，平静地说："我给你介绍几个人，你去见见他们，回来我再听你说什么。"

一个终生坐在轮椅上的青年，靠顽强拼搏，成了千万富翁；

一个连小学都没念完的农民，出了七部书，有两部还获过国家级奖励；

一个七次下岗，如今仍每天哼着歌在劳务市场寻找机遇的青年；

一个外出打工的农村姑娘，因偶然得到的一个信息，酝酿出一个大胆的设想，自己富了，还让自己的村子成为远近闻名的富村……

回到老师那里，精神振奋起来的他，激动地大声说道："老师，比起我见到的几位青年，我算是最富有的，我知道自己该怎么去做了。"后来，他真的满怀信心地投入到生活中，靠着热情、勤奋、执着，做出了许多令人惊讶不已的辉煌业绩。

其实，上天是公平的，它在让你失去了一件东西之后，必会让你再拥有一件别的东西。比如有的人没有财富，但他却拥有健康的身体；有的人没有美貌，但他却拥有着令人羡慕的智慧；有的人没有美妙的歌喉，但他却拥有姣好的面容……事实上，每个人的身上都有着自己独特的地方，假如我们能够充分了解自己比别人出色的地方,再了解自身最有特色的地方,我们也能取得取得令人羡慕的成绩。

生活中,很多人觉得自己哪方面都不行,一方面他们想成功,另一方面他们又只会悲叹自己没有能力没有资本去实现。

为什么有的人在平凡的工作中,却能干出不平凡的业绩,而有的人终生都一事无成呢?问题不在一个人的天赋有多高,而在于一个人能不能认清自己所拥有的一切,不论是你的外貌、你的才能、你的身高、你的人脉,这些都是你的资本。只是有些人不能很好地利用这些资源,结果白白错失了很多机会。

罗琳太太是一家大公司的清洁工,她手脚不是很麻利,但善与人打交道,她的手机也是天天响个不停,好像比公司的经理还要忙。

一天,公司的员工们聚在一起聊天,汤姆突然感叹道:"我们连罗琳太太都不如啊!"见到别人诧异,汤姆又说:"你猜她每个月能赚多少钱?"

一个清洁工,薪水再高能高到哪去?有人说500,有人说800,汤姆摇了摇头,伸出了四个指头,于是有人就"大胆"地预测:"不会是4000吧,挺厉害的呀。"

"什么4000?是4万美元!她每个月至少可以赚4万!"

"不会吧?"大家惊讶得眼珠子都差点掉了下来。

汤姆笑着接着说:"罗琳太太做清洁工只是一个平台,她完全可以做一个CEO了!"

原来，罗琳太太借着到公司做清洁工，打听公司里谁需要找钟点工，谁需要租房子，然后就当起了中介，收取中介费。罗琳太太有一套房子，她以1万美元的月租把这套房子租给了一个大公司的总裁。

不仅如此，罗琳太太还借清洁工这个平台延伸出的另一项业务——卖保险。公司里面有不少员工都已经向罗琳太太买了几万元的保险。

罗琳太太善于运用自己所拥有的东西，利用善于和人打交道的特长寻找适当的客户，选择合理的沟通方法以及适时地转变经营项目。

因此，不论处于什么样的困境，我们都要相信自己身上永远有着一张拿得出手的牌，只要在生活中不断地发掘自身的潜力、认识自我，我们就可以在关键的时候打出这张牌而获胜。

对自己狠一点，离成功近一点

你最大的敌人就是自己

每个人最大的对手就是自己。如果你能战胜自己，走出布满阴霾的昨天，你也能成为幸福的人，获得自己人生的奖赏。

驯鹿和狼之间存在着一种非常独特的关系，它们在同一个地方出生，又一同奔跑在自然环境极为恶劣的旷野上。大多数时候，它们相安无事地在同一个地方活动，狼不骚扰鹿群，驯鹿也不害怕狼。

在这看似和平安闲的时候，狼会突然向鹿群发动袭击。驯鹿惊愕而迅速地逃窜，同时又聚成一群以确保安全。狼群早已盯准了目标，在这追和逃的游戏里，会有一只狼冷不防地从斜刺里蹿出，以迅雷不及掩耳之势抓破一只驯鹿的腿。

游戏结束了，没有一只驯鹿牺牲，狼也没有得到一点食物。第二天，同样的一幕再次上演，依然从斜刺里冲出一只狼，依然抓伤那只已经受伤的驯鹿。

每次都是不同的狼从不同的地方蹿出来做猎手,攻击的却只是那一只鹿。可怜的驯鹿旧伤未愈又添新伤,逐渐丧失大量的血和力气,更为严重的是它逐渐丧失了反抗的意志。当它越来越虚弱,已不会对狼构成威胁时,狼便跳起而攻之,美美地饱餐一顿。

其实,狼是无法对驯鹿构成威胁的,因为身材高大的驯鹿可以一蹄把身材矮小的狼踢死或踢伤,可为什么到最后驯鹿却成了狼的腹中之食呢?

狼是绝顶聪明的,它们一次次抓伤同一只驯鹿,让那只驯鹿经过一次次的失败打击后,变得信心全无,到最后它完全崩溃了,完全忘了自己还有反抗的能力。最后,当狼群攻击它时,它放弃了抵抗。

所以,真正打败驯鹿的是它自己,它的敌人不是凶残的狼,而是自己脆弱的心灵。同样的道理,要让自己强大起来,唯一的方法就是挑战自己,战胜自己,超越自己。

狠下心,绝不为自己找借口

没有人与生俱来就会表现出能与不能,是你自己决定要以何种态度去对待问题。保持一颗积极、决不轻易放弃的心去面临各种困境,而不要让借口成为你工作中的绊脚石。

世界上最容易办到的事是什么?很简单,就是找借口。狐狸吃不到葡萄，它就找出一个借口：葡萄是酸的。我们都讥笑狐狸的可怜，但我们又不自觉地为自己找借口。

在我们日常生活中，常听到这样一些借口：上班晚了，会有"路上堵车""闹钟坏了"的借口；考试不及格，会有"出题太偏""题目太难"的借口；做生意赔了本有借口；工作、学习落后了也有借口……只要有心去找，借口总是有的。

久而久之，就会形成这样一种局面：每个人都努力寻找借口来掩盖自己的过失，推卸自己本应承担的责任。于是，所有的过错，你都能找到借口来承担，借口让你丧失责任心和进取心，这对于你的生活和工作都是极其不利的。

年轻的亚历山大继承了马其顿的王位后，拥有广阔的土地和无数的臣民，可这并不能满足他的野心。一次，亚历山大因一场小型战争离开故乡，他的目光被一片肥沃的土地吸引，那里是波斯王国。于是，他指挥士兵向波斯大军发起了进攻，并在一场又一场战斗中打败了对手。随后陷落的是埃及。埃及人将亚历山大视为神一般的人物。卢克索神庙中的雕刻表明，亚历山大是埃及历史上第一位欧洲法老。为了抵达世界的尽头，他率领部队向东，进入一片未知的土地。20多岁的时候，他就已经击败了阿富汗的地区头领。接着，他又很快对印度半岛上的王侯展开了猛烈进攻……

在仅仅十多年的时间里，亚历山大就建立起了一个面积超过200万平方英里的帝国。因为他在任何情况下都不找借口，即使是条件不存在，他也毫不犹豫地去创造条件。

做事没有任何借口。条件不足，创造条件也要上。美国成功学家拿破仑·希尔说过这样一段话："如果你有自己系鞋带的能力，你就有上天摘星的机会！"让我们改变对借口的态度，把寻找借口的时间和精力用到努力工作中来。因为工作中没有借口，失败没有借口，成功也不属于那些找借口的人！

第二次世界大战时期的著名将领蒙哥马利元帅在他的回忆录《我所知道的二战》中有这样一个故事：

"我要提拔人的时候，常常把所有符合条件的候选人集合到一起，给他们提一个我想要他们解决的问题。我说：'伙计们，我要在仓库后面挖一条战壕，8英尺长，3英尺宽，6英寸深。'说完就宣布解散。我走进仓库，通过窗户观察他们。

"我看到军官们把锹和镐都放到仓库后面的地上，开始议论我为什么要他们挖这么浅的战壕。他们有的说6英寸还不够当火炮掩体。其他人争论说，这样的战壕太热或太冷。还有一些人抱怨他们是军官，这样的体力活应该是普通士兵的事。最后，有个人大声说道：'我们把战壕挖好后离开这里，那个老家伙想用它干什么，随他去吧！'"

最后，蒙哥马利写道："那个家伙得到了提拔，我必须挑选不找任何借口地完成任务的人。"

一万个叹息抵不上一个真正的开始。不怕晚开始，就怕不开始。没有第一步，就不会有万里长征；没有播种，就不会有收获;没有开始,就不会有进步。因此,你千万不要找借口,再困难的事只要你尝试去做,也比推辞不做要强。

战胜自己的人,才配得上天的奖赏

虽然屡遭痛苦,却能够百折不挠地挺住,这就是成功的秘密。所以,你一定要学会坚强。有了坚强,才有了面对一切痛苦和挫折的能力。

人生是一场面对种种困难的"漫长战役"。早一些让自己懂得痛苦和困难是人生平常的"待遇",当挫折到来时,应该面对,而不是逃避,这样,你才能早一些坚强起来,成熟起来。以后的人生便会少一些悲哀气氛,多一些壮丽色彩。记住,只有顽强的人生才美丽,才精彩。

苏联作家奥斯特洛夫斯基在双眼失明的情况下,通过向人口授内容,完成了长篇小说《钢铁是怎样炼成的》;

美国女作家海伦·凯勒自幼双目失明,在沙利文老师的教导下学会了盲文,长大后成长为一名社会活动家,积极到世界各地演讲,宣传助残,并完成了《假如给我三天光明》等14部著作;

当代著名女作家张海迪5岁因为意外事故造成高位截瘫,但仍坚持自学小学到大学课程,并精通多国语言;

……

虽然屡遭痛苦,却能够百折不挠地挺住,这就是成功的秘密。所以，你一定要学会坚强。有了坚强，才有了面对一切痛苦和挫折的能力。

霍金是谁？他是一个神话，一个当代最杰出的理论物理学家，一个科学名义下的巨人……或许，他只是一个坐着轮椅、挑战命运的勇士。

史蒂芬·霍金，出生于1942年1月8日，那一天刚好是伽利略逝世三百年纪念日。

从童年时代起，运动从来就不是霍金的长项，几乎所有的球类活动他都不行。

进入牛津大学后，霍金注意到自己变得更笨拙了，有一两回没有任何原因地跌倒。一次，他不知何故从楼梯上突然跌下来，当即昏迷，差一点儿死去。

直到1962年霍金在剑桥读研究生后，他的母亲才注意到儿子的异常状况。刚过完20岁生日的霍金在医院里住了两个星期，经过各种各样的检查，他被确诊患上了"卢伽雷氏症"，即运动神经细胞萎缩症。

大夫对他说，他的身体会越来越不听使唤，只有心脏、肺和大脑还能运转，到最后，心和肺也会失效。霍金被"宣判"只剩两年的生命。那是在1963年。

霍金的病情渐渐加重。1970年，在学术上声誉日隆的霍金已无法自己走动，他开始使用轮椅。直到今天，他再也没离开它。

永远坐进轮椅的霍金，极其顽强地工作和生活着。

一次，霍金坐轮椅回柏林公寓，过马路时被小汽车撞倒，左臂骨折，头被划破，缝了13针，但48小时后，他又回到办公室投入工作。

虽然身体的残疾日益严重，霍金却力图像普通人一样生活，完成自己所能做的任何事情。他甚至是活泼好动的——这听来有点好笑，在他已经完全无法移动之后，他仍然坚持用唯一可以活动的手指驱动着轮椅在前往办公室的路上"横冲直撞"；在莫斯科的饭店中，他建议大家来跳舞，他在大厅里转动轮椅的身影真是一大奇景；当他与查尔斯王子会晤时，旋转自己的轮椅来炫耀，结果轧到了查尔斯王子的脚指头。

当然，霍金也尝到过"自由"行动的恶果，这位量子引力的大师级人物，多次在微弱的地球引力左右下，跌下轮椅，幸运的是，每一次他都顽强地重新"站"起来。

1985年，霍金动了一次穿气管手术，从此完全失去了说话的能力，只能用三个指头和外界交流——到目前更是只剩下眼皮了。他就是在这样的情况下，极其艰难地写出了著名的《时间简史》，探索着宇宙的起源。

霍金的科普著作《时间简史——从大爆炸到黑洞》在全世界的销量已经高达2500万册，从1988年出版以来一直雄踞畅销书榜，创下了畅销书的一个世界纪录。

霍金的故事告诉人们，是否具有不屈不挠的精神，或许是取得成就的最大因素。虽然大家都觉得他非常不幸，但他在科学上的成就却是他在病发后获得的。他凭着坚毅不屈的意志,战胜了疾病,创造了一个奇迹,也证明了残疾并非成功的障碍。

把自己"逼"上巅峰

把自己"逼"上巅峰,首先要给自己一片没有后路的悬崖,这样才能发挥出自己最大的能力,力挽狂澜的秘密就在于此。

中国有句成语叫"背水一战"。它的意思是背靠江河作战,没有退路,我们常常用它来比喻决一死战。背水一战,其实就是把自己的后路斩断,以此将自己逼上"巅峰"。这个成语来源于《史记·淮阴侯列传》,这个典故对于处于苦境中的人来说,至今仍有着启示意义。

韩信是汉王刘邦手下的大将,为了打败项羽,夺取天下,他为刘邦定计,先攻取了关中,然后东渡黄河,打败并俘虏了背叛刘邦、听命于项羽的魏王豹,接着韩信开始往东攻打赵王歇。

在攻打赵王时,韩信的部队要通过一道极狭的山口,叫井陉口。赵王手下的谋士李左车主张一面堵住井陉口,一面派兵抄小路切断汉军的辎重粮草,这样韩信小数量的远征部队没有后援,就一定会败走。但大将陈余不听,仗着兵力优势,坚持要与汉军正面作战。韩信了解到这一情况,不免对战况有些担心,但他同时心生一计。他命令部队在离井陉30里的地方安营,到了半夜,让将士们吃些点心,告诉他们打了胜仗再吃饱饭。随后,他派出两千轻骑从小路隐蔽前进，要他们在赵军离开营地后迅速冲入赵军营地，换上汉军旗号；又派一万军队故意背靠河水排列阵势来引诱赵军。

到了天明，韩信率军发动进攻，双方展开激战。不一会儿，汉军假意败回水边阵地，赵军全部离开营地，前来追击。这时，韩信命令主力部队出击，背水结阵的士兵因为没有退路，也回身猛扑敌军。赵军无法取胜，正要回营，忽然营中已插遍了汉军旗帜，于是四散奔逃。汉军乘胜追击，以少胜多，打了一个大胜仗。

在庆祝胜利的时候，将领们问韩信："兵法上说，列阵可以背靠山，前面可以临水泽，现在您让我们背靠水排阵，还说打败赵军再饱饱地吃一顿，我们当时不相信，然而最后竟然取胜了，这是一种什么策略呢？"

韩信笑着说："这也是兵法上有的，只是你们没有注意到罢了。兵法上不是说'陷之死地而后生，置之亡地而后存'吗？如果是有退路的地方，士兵都逃散了，怎么能让他们拼死一搏呢！"

所以在生活中，当我们遇到困难与绝境时，我们也应该如兵法中所说那样"置之死地而后生"，要有背水一战的勇气与决心，这样才能发挥自己最大的能力，将自己逼上生命的巅峰。在这种情况下，往往事情会出现极大的转机。

给自己一片没有退路的悬崖，把自己"逼"上巅峰，从某种意义上说，是给自己一个向生命高地冲锋的机会。如果我们想改变自己的现状，改变自己的命运，那么首先应该改变自己的心态。只要有背水一战的勇气与决心，我们一定能突破重重障碍，走出绝境。

所以我们要保持这样的心态，在使自己处于不断积极进取的状态时，就能形成自信、自爱、坚强等品质，这些品质可以让你的能力源源涌出。你若是想改变自己的处境，那么就改变自己身心所处的状态，勇敢地向命运挑战。一旦你决心背水一战，拼死一搏，你便可以把你蕴藏的无限潜能充分发挥出来，让自己创造奇迹，做出令人瞩目的成绩，登上命运的巅峰。

自助者天助,做自己的救世主

充满自信,挖掘出自我的宝藏

其实,每个人都有一座宝藏,这座宝藏就是我们自己。挖掘出自我的宝藏,我们的人生会因此而变得富有。

犹太人有一句这样的格言:"请勿忘怀身边的宝藏。"而这个宝藏就是你自己,只有你才有主宰自己命运的权利与能力。能够掌控你人生的人,不是你的上司,不是你的同事,不是你的父母,而是你自己。许多人出发寻找宝藏,殊不知,宝藏就埋藏在自己家!

有一个失意的人即将离开他居住多年的城镇,搬到另外一个陌生的地方去讨生活。临行前,他去拜访镇上的智者,并请智者给他一些忠告。

智者给他讲了一个这样的故事:

"有个住在柏林的犹太人,每天都梦见在符腾堡的一个碾房的地下，埋藏了许多等待他去挖掘的宝物。终于有一天，他抑制不住自己的好奇心，决定次日一早便去挖掘宝物。

"第二天早晨天未破晓时，他就已经起床准备好了，然后一路向符腾堡进发。经过几日辛劳地奔波，终于到了符腾堡。然后又几经寻找，终于找到了梦中的那个碾房。之后，他立刻仔仔细细、小心翼翼地开始挖了起来，可是几乎挖遍了碾房，却仍然没有掘出任何值钱的东西。

"碾房的厂主闻声而至，问他为什么在此地挖掘。当房主听完这人说明缘由后，突然高声大叫：'太奇妙了，我也经常梦见一个住在柏林的人，而他的院子里也埋着许多宝贝。'

"厂主不但这么说，甚至还指出梦中那个人的名字，说来也真凑巧，这正是那个犹太人自己的名字啊！

"于是犹太人立刻马不停蹄地回到柏林，好不容易到家之后，赶忙挖掘院子，结果他真的从自己的院子里挖出许多宝物来。"

听了智者讲的故事后，这个人突然明白了：原来自己一直以来的失意，并不是因为环境造成的，如果自己不改变，就算搬到另一个城镇也不会有变化。其实自己的院子里也埋藏了许多宝物，只是自己没有去挖掘而已！于是他决定不搬家了，留在这里重整旗鼓。

所以说，实际上每个人都有一座宝藏，但区别在于你是否去发掘了它。当你千辛万苦地奔波流连在寻找远方宝藏的路上时，请你去看看自己的宝藏吧。

人生是一个不断寻找、创造财富的过程。人生的财富不仅仅是金钱，还包括健康、快乐、亲人、朋友等等。哲学家布伦说："我们只有一种忧虑，就是害怕失去人生的财富；我们只有一个欲望，就是渴望得到它。"佛说："人一生所做的行为无外乎苦和苦的终止，乐和乐的持续；除此，再没有别的了。"而无论是财富也好，欢乐也好，宝藏的根源就在我们的心里。

要发掘自己的宝藏，就要相信自己，要相信自己是有价值的。这种价值表现在我们能够为社会、为他人创造价值，而且社会、他人也认同你为他们做出的贡献。只有相信自己的价值，才会把握住自己的个性，相信自己的价值具有独特性，而不会在乎别人怎么评价自己。如果你连自己都不能信任自己，那么你怎么能改变自己的处境，掌握自己的命运呢！

5年前，斯蒂芬·楚门经营的是小本农具买卖。他过着平凡而又体面的生活，但并不理想。他一家的房子太小，也没有钱买他们想要的东西。楚门的妻子并没有抱怨，很显然，她只是安于天命而并不幸福。但楚门的内心深处变得越来越不满。当他意识到爱妻和他的两个孩子并没有过上好日子的时候，心里就感到深深的刺痛。

但是今天，一切都有了极大的变化。现在，楚门有了一所占地2英亩的漂亮新家。他和妻子再也不用担心能否送他们的孩子上一所好的大学了，他的妻子在花钱买衣服的时候也不再有那种痛苦的感觉了。这一年夏天，他们全家都去欧洲度假。楚门过上了真正的生活。

楚门说:"这一切的发生,是因为我开掘出了自己的宝藏。5年以前,我听说在底特律有一个经营农具的工作。那时,我们还住在克利夫兰。我决定试试,希望能多挣一点钱。我到达底特律的时间是星期天的早晨,但公司与我面谈还得等到星期一。晚饭后,我坐在旅馆里静思默想,突然觉得自己是多么的失败。'这到底是为什么!'我问自己,'失败为什么总属于我呢?'"

楚门不知道那天是什么促使他做了这样一件事:他取了一张旅馆的信笺,写下几个他非常熟悉的、在近几年内远远超过他的人的名字。他们取得了更多的权力和工作职责。其中两位楚门曾经为他们工作过,另外两个原是邻近的农场主,现已搬到更好的边远地区去了,最后一位则是他的妹夫。楚门问自己:这5位朋友拥有的优势是什么呢?他把自己的智力与他们作了一个比较,楚门觉得他们并不比自己更聪明,而他们所受的教育,他们的正直,个人习性等,也并不拥有任何优势。终于,楚门想到了另一个成功的因素,即自信心。楚门不得不承认,他的朋友们在这点上胜他一筹。

当时已快凌晨3点钟了,但楚门的脑子却还十分清醒。他第一次发现了自己的弱点。他深深地挖掘自己,发现缺少自信是因为在内心深处,他并不看重自己。楚门坐着度过了残夜,回忆着过去的一切。从他记事起,楚门便缺乏自信心,他发现过去的自己总是在自寻烦恼,自己总对自己说不行,不行,不行!他总在表现自己的短处,几乎他所做的一切都表现出了这种自我贬值。终于楚门明白了:如果自己都不信任自己的话,那么将没有人信任你!

于是,楚门做出了决定:"我一直都是把自己当成一个二等公民,从今后,我再也不这样想了。别人能做到的我也能够做到!"

第二天上午,楚门保持着那种自信心走进公司。他暗暗以这次与公司的面谈作为对自己自信心的第一次考验。在来底特律以前,楚门希望自己有勇气提出比原来工资高750到1000美元的要求。但经过这次自我反省后,楚门认识到了他的自我价值,因而把这个目标提到了3500美元。结果,楚门达到了目的。他获得了成功。

从此,楚门的命运改变了,凭着这股自信心,他走上了成功的道路。他感叹说:"原来,我身上竟埋藏着如此巨大的宝藏,这是我以前从未料到的!"

自信就是自己信得过自己,自己看得起自己;能把自己看作宝藏,能发掘自我的宝藏。楚门的经历告诉我们,如果你真的相信自己,并且深信自己一定能实现梦想,你就真的能够实现你所想。人们常常把自信比作发挥主观能动性的闸门,启动聪明才智的马达,这是很有道理的。

发掘自我的宝藏就要正确评价自己,发现自己的长处,肯定自己的能力。只要发挥出自己应有的能力,许多看似不可能的事情都会变为现实。所以，请相信宝藏就埋藏在自己家里，宝藏就是你自己，只要你能将它发掘出来，成功也就离你不远了。

你只需努力，剩下的交给时光

没有人注定不幸，你绝对不比其他人更不幸。不要因为没有鞋子而哭泣，看看那些没有脚的人吧！绝对不要把自己想象成最不幸的人，否则，你就真正成了最不幸的人。

高尔基早年生活十分艰难，3岁丧父，母亲早早改嫁。在外祖父家，他遭受了很大的折磨。外祖父是一个贪婪、残暴的老头儿。他把对女婿的仇恨统统发泄到高尔基身上，动不动就责骂毒打他。更可恶的是，他那两个舅舅经常变着法儿侮辱这个幼小的外甥，使高尔基在心灵上过早地领略了人间的丑恶。只有慈爱的外祖母是高尔基唯一的保护人，她真诚地爱着这个可怜的小外孙，每当他遭到毒打时，外祖母总是搂着他一起流泪。

高尔基在《童年》中叙述了他苦难的童年生活。在19岁那年，高尔基突然得到一个消息：他最为慈爱的、唯一的亲人外祖母，在乞讨时跌断了双腿，因无钱医治，伤口长满了蛆虫，最后惨死在荒郊野外。

外祖母是高尔基在人世间唯一的安慰。这位老人劳苦一辈子，受尽了屈辱和不幸，最后竟这样惨死。这个噩耗几乎把高尔基击垮了。他不由得放声痛哭，几天茶饭不进。每当夜晚，他独自坐在教堂的广场上呜咽流泪，为不幸的外祖母祈祷。1887年12月12日，高尔基觉得活在人间已没有什么意义。这个悲伤到极点的青年，从市场上买了一支旧手枪，对着自己的胸膛开了一枪。但是，他还是被医生救活了。后来，他终于战胜了各种各样的灾难，成为世界著名的大文豪。

要知道，没有什么困难能够打垮你，唯一能够打垮你的就是你自己，那就是你把自己看作是最不幸的。

许多人常常把自己看作是最不幸的、最苦的，实际上许多人比你的苦难还要大，还要苦，大小苦难都是生活所必须经历的。苦难再大也不能丧失生活的信心、勇气。与许多伟大的人物所遭受的苦难相比，我们个人所遭到的困难又算得了什么。名人之所以成为名人，大都是由于他们在人生的道路上能够承受住一般人所无法承受的种种磨难。他们面对事业上的不顺、情场上的失意、身体上的疾病、家庭生活中的困苦与不幸，以及各种心怀恶意的小人的诽谤与陷害，没有沮丧，没有退缩，而是咬紧牙关，擦净那饱受创伤的心所流出的殷红的鲜血和悲愤的泪水，奋力抗争，不懈地拼搏，用自己惊人的毅力和不屈的奋斗精神，为人类的文明和社会的进步做出了卓越的贡献，从而成为风靡世界的名人。

人生需要的不是抱怨、自怜，而是扎扎实实、艰苦地奋斗。人是为幸福而活着的，为了幸福，苦难是完全可以接受的。

人生的苦难与幸福是分不开的。人类的幸福是人类通过长期不懈的努力而逐步得到的,这其中要经历各种苦难,这正像人们常讲的,幸福是由血汗造就的。有些人太单纯、太简单了,他们只要幸福而不要苦难。切记,拒绝苦难的人,就不可能拥有幸福。

当你竭尽全力,就一定能走出逆境

韩国贫民总统卢武铉1946年出生于韩国金海市郊的一个小村庄。卢武铉的父母都是农民,靠种植庄稼和桃子为生。他的故乡十分偏远贫穷,连村里人都说"即使乌鸦飞来这里,也会因没有食物而哭着飞回去"。

卢武铉曾经说过:"在韩国政坛,如果你没有钱,或者没有势力,很难当上总统候选人,更别提获胜了,然而我,这两样都没有。"有人说,卢武铉的政治经历与美国前总统林肯十分相似,对此,卢武铉也有同感。林肯是美国200多年历史上为数不多的贫民总统,他上任伊始就遇到美国南北冲突;而韩国的这位贫民总统卢武铉,则遇上了朝鲜核危机。

1968年,卢武铉进入韩国陆军服兵役,34个月后退役返乡。卢武铉知道自己学识不够,也知道家中没有钱供他读书,于是他开始自学法律。勤奋刻苦的他于1975年4月通过韩国第17届司法考试,由此开始了自己的律师生涯。

在卢武铉的律师生涯中,他始终为社会的公正而奋斗。1981

年,卢武铉勇敢地站出来,为12名被政府指控为"私藏禁书"的大学生辩护。因为此事,卢武铉有了些名气,被一些媒体称为"人权律师"。6年后,卢武铉又因支持"非法罢工"而遭逮捕,并且被剥夺了6个月的律师权。但牢狱之苦激起了卢武铉通过从政实现自己政治抱负的信念。

1988年,卢武铉步入政坛,当选为国会议员。自1992年起,卢武铉3次放弃了自己在汉城的优势选区,赴釜山进行议员和市长的竞选,结果接连3次饮恨釜山。一批选民被卢武铉的精神感动,自发成立了一个叫"爱卢会"的组织。该组织在民间迅速扩展,以至韩国上下掀起了一股支持卢武铉的热潮,被舆论称为"卢旋风"。凭借这股"卢旋风",卢武铉顺利当选了议员和市长,之后又登上了总统宝座。

所以,一个人不能选择自己的出身,但可以选择自己的道路。只要踏上正确的人生之路,并能义无反顾地勇往直前,就一定能创建一番辉煌的业绩。

好运一定会青睐那些从黑暗中走出来的人——他们有着坚强的生存意识、果敢的斗志、不屈的傲骨和出众的天赋。他们必将会在某个有价值的领域脱颖而出。请相信命运的公正吧!一个人只要知道自己将到哪里去,那么全世界都会给他让路。

PMA 黄金定律：能飞多高，由自己决定

PMA 黄金定律是积极心态的缩写——Positive Mental Attitude。它是成功学大师拿破仑·希尔数十年研究中最重要的发现，他认为造成人与人之间成功与失败的巨大反差，心态起了很大的作用。

积极的心态是人人可以学到的，无论他原来的处境、气质与智力怎样。

拿破仑·希尔还认为，我们每个人都佩戴着隐形护身符，护身符的一面刻着 PMA（积极的心态），一面刻着 NMA（消极的心态）。PMA 可以创造成功、快乐，使人到达辉煌的人生顶峰；而 NMA 则使人终生陷在悲观沮丧的谷底，即使爬到巅峰，也会被它拖下来。因为这个世界上没有任何人能够改变你，只有你能改变你自己；没有任何人能够打败你，能打败你的也只有你自己。

很多人都认为自己的境况归于外界的因素，认为是环境决定了他们的人生位置，这些人常说他们的想法无法改变。但是，我们的境况不是周围环境造成的。说到底，如何看待人生，由我们自己决定。

纳粹集中营的一位幸存者维克托·弗兰克尔说过："在任何特定的环境中，人们还有一种最后自由，就是选择自己的态度。"

只要人活在这个世界上，各种问题、矛盾和困难就不可能避免，拥有积极心态的人能以乐观进取的精神去积极应对，而被消

极心态支配的人则悲观颓废，他们在逃避问题和困难的同时也逃避了人生的责任。

对于 PMA 的阐述，拿破仑·希尔是这样认为的：

1. 言行举止像希望成为的人

许多人总是要等到自己有了一种积极的感受再去付诸行动，这些人在本末倒置。心态是紧跟行动的，如果一个人从一种消极的心态开始，等待着感觉把自己带向行动，那他就永远成不了他想做的积极心态者。

2. 要心怀必胜、积极的想法

谁想收获成功的人生，谁就要当个好"农民"。我们绝不能播下几粒积极乐观的种子，然后指望不劳而获，我们必须不断给这些种子浇水，给幼苗培土施肥。要是疏忽这些，消极心态的野草就会丛生，夺去土壤的养分，甚至让庄稼枯死。

3. 用美好的感觉、信心和目标去影响别人

随着你的行动与心态日渐积极，你就会慢慢获得一种美满人生的感觉，信心日增，人生中的目标感也越来越强烈。紧接着，别人会被你吸引，因为人们总是喜欢和积极乐观者在一起。

4. 使你遇到的每一个人都感到自己很重要、被需要

每一个人都有一种欲望，即感觉到自己的重要性，以及别人对他的需要与感激，这是普通人的自我意识的核心。如果你能满足别人心中的这一欲望，他们就会对自己，也对你抱有积极的态度，一种你好我好大家好的局面就形成了。

5. 心存感激

如果你常流泪，你就看不到星光，对人生、对大自然的一切美好的东西，我们要心存感激，人生就会显得美好许多。

6. 学会称赞别人

在人与人的交往中，适当地赞美对方，会增加和谐、温暖和美好的感情。你存在的价值也就会被肯定，使你得到一种成就感。

7. 学会微笑

面对一个微笑的人，你会感应到他的自信、友好，同时这种自信和友好也会感染你，使你的自信和友好也油然而生，使你和对方亲近起来。

8. 到处寻找最佳新观念

有些人认为，只有天才才会有好主意。事实上，要找到好主意，靠的是态度，而不全是能力。一个思想开放、有创造性的人，哪里有好主意，就往哪里去。

9. 放弃鸡毛蒜皮的小事

有积极心态的人不把时间和精力花费在小事上，因为小事使他们偏离主要目标和重要事项。

10. 培养一种奉献的精神

曾任通用面粉公司董事长的哈里·布利斯曾这样忠告属下的推销员："谁尽力帮助其他人活得更愉快、更潇洒，谁就达到了推销术的最高境界。"

11. 自信能做好想做的事

永远也不要消极地认定什么事情是不可能的,首先你要认为你能,再去尝试,不断尝试,最后你就会发现你确实能。

马尔比·D.马布科克说:"最常见同时也是代价最高昂的一个错误,是认为成功有赖于某种天才、某种魔力、某些我们不具备的东西。"其实并非如此,成功的要素其实掌握在我们自己的手中。成功是运用 PMA 的结果。

一个人能飞多高,由他自己的心态所决定。

当然,有了 PMA 并不能保证事事成功,但积极地运用 PMA 可以改善我们的日常生活。在 PMA 的帮助下,我们能够给自己创造一个阳光的心灵空间,导引成功之路。

图书在版编目（CIP）数据

逆境心理学/王志敏著.—北京：北京联合出版公司，2019.9（2022.9重印）
ISBN 978-7-5596-3422-1

Ⅰ.①逆… Ⅱ.①王… Ⅲ.①成功心理—通俗读物 Ⅳ.①B848.4-49

中国版本图书馆CIP数据核字（2019）第142529号

逆境心理学

著　者：王志敏
责任编辑：昝亚会　夏应鹏
封面设计：李艾红
责任校对：胡宝林
美术编辑：张　诚

北京联合出版公司出版
（北京市西城区德外大街83号楼9层　100088）
三河市华成印务有限公司印刷　新华书店经销
字数180千字　880毫米×1230毫米　1/32　7.5印张
2019年9月第1版　2022年9月第4次印刷
ISBN 978-7-5596-3422-1
定价：36.00元

未经许可，不得以任何方式复制或抄袭本书部分或全部内容
版权所有，侵权必究
本书若有质量问题，请与本公司图书销售中心联系调换。
电话：（010）58815825